新手养狗一看就会

喂食·训练·防病

蒋青海 编著

U0376355

吉林科学技术出版社

图书在版编目（CIP）数据

新手养狗一看就会 / 蒋青海编著. -- 长春 ： 吉林
科学技术出版社，2022.12
ISBN 978-7-5578-9105-3

Ⅰ. ①新… Ⅱ. ①蒋… Ⅲ. ①犬—驯养 Ⅳ.
①S829.2

中国版本图书馆CIP数据核字(2021)第262229号

新手养狗一看就会
XINSHOU YANGGUO YI KAN JIU HUI

编　　著	蒋青海
出 版 人	宛　霞
责任编辑	张　超
助理编辑	周　禹
封面设计	长春美印图文设计有限公司
制　　版	长春美印图文设计有限公司
幅面尺寸	167 mm×235 mm
开　　本	16
印　　张	13
字　　数	210千字
印　　数	1-5 000册
版　　次	2022年12月第1版
印　　次	2022年12月第1次印刷

出　　版　吉林科学技术出版社
发　　行　吉林科学技术出版社
地　　址　长春市福祉大路5788号出版大厦A座
邮　　编　130118
发行部电话/传真　0431-81629529　81629532　81629535
　　　　　　　　　　　81629530　81629531
储运部电话　0431-86059116
编辑部电话　0431-81629517
印　　刷　长春百花彩印有限公司

书　　号　ISBN 978-7-5578-9105-3
定　　价　49.90元

前　言

窗台上呆萌的多肉植物，水族箱里自由游弋的五彩鱼，花瓶中含苞待放的百合，以及一只期盼我们回家的宠物狗，这简直是现代人轻松慢生活的标配。

我们时常羡慕抱着一只暖心小泰迪、牵着一只毛色亮黄的大金毛，或者是牵着一只呆萌"二哈"的那些人。看到他们和狗狗在一起的温馨画面，很多人的内心都会有要养一只狗的冲动。可是可爱、温顺、健康、懂话又卫生的狗，往往是"别人家"的。

不过不要灰心，作为一名"铲屎官"，做好了喂食、防病、洗澡、训练，你也可以拥有一只像别人家那样听话的狗狗。为了让更多的朋友实现养狗的愿望，我们特意邀请了资深科普达人，曾经创作过《玩赏犬驯养要领300答》《时尚小宠物养赏大全》等宠物畅销书的蒋青海老师编写了这本书，从狗狗的外形特征、生活习性、繁衍历史入手，给每一个养狗新手带来挑选、饲养狗狗的方法。

最后，希望每一个爱狗的人，都能养一只可爱的狗狗。也希望每一个养狗的人都能始终爱自己的狗狗，让它幸福地度过它的一生。

新手养狗 一看就会
喂食·训练·防病

目录

第三章 常见狗狗品种选购与驯养

第三章

第四章　狗狗常见疾病防治

第一章

了解狗

人类与野狼的接触

从南亚到北极苔原地带，都有野狼分布。在人类尚未驯化饲养动物之时，人类与野狼可能早已和平共处了很久。关于野狼是如何被人类驯化的，有许多种说法，是不是人类主动驯化野狼的，也并不能确定。事实上，有些人认为是野狼主动亲近人类，选择在靠近人类的地方定居。它们显然相当聪明，知道只要有人类的地方，必然能找到食物。甚至在人类开始完全对它们负起饲养责任之前，一种似有似无的伙伴关系早已在人与野狼之间存在，因为人与野狼居住和狩猎的活动范围颇为接近。毫无疑问，相似的种群生活模式也拉近了人狼之间的关系——人与狼都是社会性相当高的动物，两者都有阶级结构分明的族群或家庭，族中成员可以共同狩猎并分担养育下一代的责任。

没有人确切地知道人与狼第一次互动发生在什么时候。有科学家认为可能是在5万年之前，因为至少需要这么久的时间，野狼才能发展出与如今的狗的基因差异；有些学者则认为是在1.5万年之前，当时人与野狼共同生活在地球上的许多地方，不过第一只家犬出现的时间及地点至今仍不确定。事实上，这个过程可能发生在好几个地区。

证据显示，中东及西南亚可能是最早驯化并饲养家犬的主要地区，因为在这两个地区的许多地方都曾发现至少1.4万年前的野狼骨头化石。化石中的这些野狼都是

进化后的产物，极可能是印度平原狼的后代，这种野狼绝种已久，一般认为它们是许多现代宠物犬的祖先。

人类为什么要驯化饲养野狼呢？原因很简单也很自然，就是人类希望有个狩猎时的助手。旧石器时代的人类可能猎杀了野狼，然后从洞穴中带回小狼加以饲养。这些半驯养的狼和人类一起生活，在人类生活环境中繁衍下一代，生出来的后代一代比一代更驯服。经过相当长的一段时间后，驯化的狼越来越习惯并喜欢和人类共同生活。

野狼通常以嗥叫作为沟通方式，但它们也会

吠叫，不过比家犬吠叫的次数少且音量低，而且通常只朝近距离的敌人吠叫。比较爱吠叫的狼可能自成一群而相互交配，产下的后代成为早期人类生活区的第一批警卫犬。

从某一时间开始，半驯养的野狼开始陪伴人类从事狩猎活动。不久，人类想到采取主动选择育种的方式，来确立这种互利的关系。人类引导捕猎技术高强的半驯养野狼交配，它们生下的后代捕猎技术非常高强。野狼就是这样一步一步转变为家犬的。

远古时期的狼同现代的狼一样，也曾经让想要接近它们的人类感到恐惧。没有一个家犬的品种可准确地追溯到远古时代野狼的某个特定品种，但是来自美洲、欧洲、中亚地区的野狼在体形与毛皮方面的变种相当多，创造出来的基因库足以发展出今日种类繁多的家犬。

虽然从野狼到家犬，外表已经发生巨大变化，但是现代的每种家犬身上，都或多或少存有狼的本性，比如尽管野狼颇为怕生，但它们天生社会性很强，家犬也是如此。

驯养的结果

野狼在进化成犬之后体形变小了，这是驯养过程中的典型现象。许多考古学家相信，这是慢性异化的结果。另外，有些科学家指出人类在育种过程中扮演着积极的角色。有些家犬身上的特征，是人类喜爱且引导繁殖的结果，例如娇小的体形、活泼的性格；而有些则是自然繁殖中无心造成的结果。化石证据显示，狗发展出今日各式各样的品种，花了几千年时间。

狼的种类间外表的差异之大也证明了选择育种的结果。举例来说，加拿大的灰狼重量可达70千克，但是已经绝种的日本狼却身轻如燕，不到12千克。同样类似的特征，例如毛的长度、颜色，耳朵大小甚至行为，都可以经由特征类似的品种相互交配而产生。

狗狗的身体机能

🦴 皮肤

皮肤是犬身体上面积最大的器官。皮肤的主要作用是保护身体免受细菌和物理伤害，及防止热量和水分散失等。

🦴 听觉

犬的听觉非常灵敏，可听到超出人耳听觉范围的声音。犬耳形状和朝向各不相同，取决于犬的品种和用途。犬的耳朵可四周转动，这让它们能够辨别出各种声音的方向。另外，耳朵与大脑协作，有利于犬保持平衡。

🦴 视觉

犬的视觉已经进化得非常适应捕猎，尤其是动作迅捷的小型犬，其眼睛的结构帮助它们成为自然界中出色的猎手。很多犬科专家相信犬具有全色视觉，行为试验显示犬对红色最为敏感，同时也能区分绿色和黄色。

🦴 嗅觉

气味对于犬来说非常重要，它们的嗅觉十分发达，比人类的嗅觉灵敏得多。气味对于犬有多种用途，例如标记领地、识别其他动物以及与其他犬交流。犬鼻子上的神经末梢能探测到气味，并由大脑进行解读。

🦴 味觉

与人类相比，犬的味觉不那么发达。舌头上的味蕾，让犬能够辨别酸、苦、咸和甜这几种味道。

🦴 呼吸系统

犬借助呼吸系统与外界进行气体交换。空气由上呼吸道进入肺泡，氧气经肺泡进入毛细血管，经血液循环送达全身，同时，代谢产生的二氧化碳，经呼吸系统排出。

心血管系统

心血管系统由心脏、静脉和动脉以及毛细血管等组成。心血管系统将血液、养分、氧气等提供组织和器官，将代谢废物运输到排泄系统。

泌尿系统

泌尿系统的主要功能是控制体内的水平衡，排出尿液。肾脏过滤血液，排出多余的水和毒素，传输至膀胱并储存起来，直到排尿。尿液中的某些化学物质也是犬与犬之间进行气味交流的一种方式。

消化系统

消化系统负责摄入、运转、分解并消化食物，吸收养分，然后将不能消化的食物和其他废物排出体外。消化过程从犬口开始，犬吃进食物，然后开始咀嚼。犬的牙齿特别适合捕猎动物，犬齿进化得又尖又利，可咬住并撕扯猎物。作为杂食性动物，犬用扁平的后齿来咀嚼。

繁殖系统

雄犬有两颗睾丸。雄犬在8～10周大时，睾丸就会进入阴囊中。雌犬长到6～12个月左右就进入性成熟期，每隔6～12个月就会"发情"，可以进行交配。

神经系统

神经系统负责通过神经和脊髓将信息从身体传输给大脑。大脑负责处理和储存信息，控制犬的全部行为。

内分泌系统

内分泌系统由能够分泌激素的腺器官构成，包括甲状腺、胰腺、卵巢和睾丸等，通过激素控制和调节身体机能。

耳朵

头部

眼睛

鼻子

肩部

嘴

下颚

脖颈

胸部

前腿

足部

新手养狗 一看就会
喂食·训练·防病

6

狗狗的身体构造

背 部

被 毛

髋 部

尾 巴

后 腿

犬种差异

　　犬和人类共同生存后，由于人类不断对其进行驯化、改良，使其性格、体形和外表发生了巨大的变化，逐渐出现了今天的许多犬种。这些犬种身体构造共具哺乳类的特征，但其外表、体形等各具特色。

　　首先，犬的腹部形状可分为船底形、扁平形、木桶形等。扁平形腹部的犬多数具有苗条的身体，四肢修长且脚力好，主要代表品种为俄罗斯牧羊犬与东非猎犬等。斗牛犬、巴哥犬则属典型木桶形腹部。而大多数犬的腹部为船底形。

　　其次，犬的背部形状也有所不同。犬的背部形状主要指犬的肩甲部到尾部这一段，可分为水平形、弯曲形和弓形三大类。90%以上的犬种背部形状为水平直线形，前进时能顺利迎风而行；而斗牛犬的背部则为弯曲形；背部弓形犬的肩甲到尾部呈弓形，格雷伊猎犬、俄罗斯牧羊犬等四肢敏捷的犬多属于此类。

犬的鼻吻也具有不同形状。吻长而尖的犬，一般嗅觉灵敏；鼻吻不长不短属中间形；斗牛、巴哥、北京犬等则属扁鼻形。总体而言，扁鼻形的犬嗅觉较迟钝。

至于犬身上的被毛，其毛质、毛色、毛量都有较大的差别。基本上将被毛分为上层毛及下层毛。犬的被毛有保暖及防止水分渗透的作用。早春时，有些犬容易掉毛，这是下层毛脱落所致。

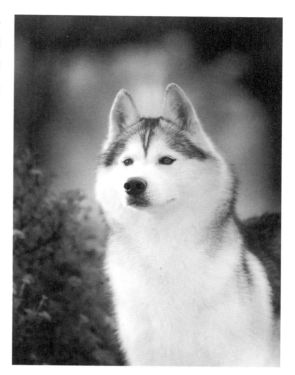

犬只分类

AKC是"American Kennel Club"的缩写，可以直译为"美国养犬俱乐部"。此组织成立于1884年，现在已经成为美国最大的犬业非营利性机构。当一个犬种发展到一定程度时，就有可能被登记承认，AKC也在不断地登记承认新的犬种。这些纯种犬有资格参加敏捷性比赛、服从性比赛等。不过，还有一些犬种是未被AKC承认的，例如著名的藏獒。因为这些犬种的发展不够成熟，所以这些犬种的犬只还不能参加正规的比赛，准确地说，是可以比赛，但是没有资格争夺冠军。不同犬种的犬只都在为人类做出不同的贡献，满足人类不同的需求。而犬展的意义就在于不断地展示优良犬种，以促进犬种的改良、培养，让人类永远跟自己最好的朋友和谐地生活在这个世界上。

也许细心的人会发现，在正规的犬展中，比赛是分组进行的，如工作犬组、玩具犬组等。在AKC的标准中，犬只是按照用途进行分组的。因为每一种犬都在为人类服务，为人类做出贡献，所以，传统犬展上人们会把不同用途的犬只分成不同的组别来比赛。这就是我们在犬展中看到各种组别的原因。AKC犬展中的组别：

枪猎犬组 Sporting Group　　工作犬组 Working Group　　畜牧犬组 Herding Group

狩猎犬组 Hound Group　　　猎犬组 Terrier Group

家庭犬组 Non-Sporting Group　　玩具犬组 Toy Group

第二章

让狗狗"乖"的方法

调教和训练狗狗要遵循的原则

在调教和训练狗狗时，必须严格遵循以下两条基本原则。

🦴 循序渐进，由简入繁

训练狗狗，必须从最简单、最容易做到的项目入手，不能仅凭自己的主观愿望，要求狗狗在短时间内学会复杂或很难的项目。一般来说，狗狗的能力培养可分为三个阶段。

（1）第一阶段

此阶段是培养狗狗对口令建立基本条件反射的阶段。这一阶段只要求狗狗根据口令做出相应的动作，比如听到"来"的口令后能走近主人。

这个阶段的训练应选择清静的环境，防止外界的引诱、刺激对训练产生干扰。狗狗的动作正确时，应及时奖励；动作不正确时要及时、耐心地加以纠正。

（2）第二阶段

此阶段是条件反射复杂化阶段。这个阶段要求狗狗能将各个独立形成的条件反射有机地结合

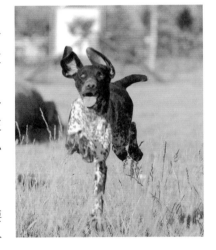

起来，形成一种完整的反应能力，并能迅速而顺利地执行主人的口令。同时，要求狗狗在对口令形成条件反射的基础上，建立对手势的条件反射。

在这一阶段中，训练环境仍应比较清静，但可在不影响训练的前提下，经常变换环境从而提高狗狗的适应能力。要对不正确的动作和延误口令做出及时的纠正，即用强制手段适当加强机械刺激强度；对正确的动作，一定要给予奖励。

（3）第三阶段

此阶段是环境复杂化阶段。这一阶段要求狗狗在有外界引诱的情况下，仍能顺利执行口令。在训练时，动作难易要结合，并以易多难少的原则，逐步培养狗狗在复杂环境中执行命令的能力。

通过以上三个阶段的训练，狗狗的各种能力已经基本形成，但还不可能完全适应实际需要，还需要根据所在地区的气候条件、地理环境等实际情况，有计划地进行适应性训练。

🦴 因犬制宜，分别对待

在调教、训练的过程中，一定要根据不同性格类型的狗狗，做出不同的要求。

（1）兴奋型狗狗

对于兴奋型狗狗，主要是逐步改善和抑制其兴奋状态，但千万不能操之过急，在每次训练前，要给予它们充分的游玩、散步等自由活动，以降低兴奋性。对这类狗狗，在训练时可采取较强的机械刺激。

（2）活泼型狗狗

对于活泼型狗狗，在训练时要特别注意不同手段对狗狗的影响，如果训练方法不当，容易产生不良后果。

（3）安静型狗狗

对于安静型狗狗，训练时应着重培养它的灵活性，适当提高它的兴奋性。在训练过程中需要耐心地重复口令，或适当采取强迫手段，要避免迅速而连续地发出不同的口令或使用兴奋和抑制相冲突的刺激。对这类狗狗，切不可操之过急，应该用沉着、冷静、耐心的态度，来进行训练。

（4）对食物反应强的狗狗

对食物反应较强的狗狗，应多用食物刺激。

（5）凶猛好斗的狗狗

对于凶猛好斗的狗狗，在训练中要严格要求，特别要加强依恋性和服从性的训练。

（6）有被动防御反应的狗狗

对于有被动防御反应的狗狗，要善于用温和的音调以及轻巧的动作接近。在训练过程中，对狗狗害怕的事物要采取耐心诱导法，使其逐渐消除被动状态而渐渐适应。

（7）追求反应较强的狗狗

对于追求反应较强的狗狗，平常应多对它进行环境锻炼。

训练狗狗定时定点大小便

这项工作最好从幼犬时期开始。3月龄以前的幼犬大小便频繁，一般都不知道如何控制大小便，经常随地便溺，应抓紧进行训练。

训练时，先要在合适的地方放上便盆、碎石片、木屑、煤灰渣之类。在喂食后或早晨起床后、晚上睡觉前带领狗狗到放好便盆的地方去，让狗狗排便。如果狗狗能在便盆内大小便，应给狗狗以爱抚，抚拍几下或给点儿食物奖励。有时，狗狗并不能及时大小便，这是允许的，可以等待一段时间后再把它牵到便盆边去让它大小便。如果这样反复几次之后，狗狗仍随地乱排便，可以适当地纠正，必要时可用旧报纸卷成的圆筒轻轻打它几下，并说"错了""不许这样"等指令，让它知道主人很不喜欢这样。然后，带它到指定的地方去排泄，并在它随地排泄的地方撒上漂白粉或浇上香醋，以盖去大小便的气味。

经过耐心的调教和训练后，狗狗就能逐渐养成在固定地点大小便的习惯。

训练中要注意，便盆要始终放在原地，不可挪动地方，便盆中还应留一些上次便后的痕迹，以便狗狗能从气味中嗅出这是上次大小便的地方。

狗狗外出时，有在路边撒尿做标记的特性，这不能以随便大小便看待。但在城市街道上，狗狗的这种习惯也有碍卫生。因此，主人领狗狗外出时，一定要及时清理狗狗的排泄物。

把狗狗的便盆设在厕所内，训练它养成自己进厕所大小便的习惯，这便是最理想的状态了。

训练狗狗不扑人

狗狗是一种容易产生亲密感的动物，它与主人相处一段时间后，由于主人经常喂饲食物和照顾生活，便会对主人产生亲密感和依赖性，见了主人就会扑过去。

狗狗的这种奔扑行为虽然出于表现亲密，但可能会给人们带来不便，所以要对狗狗的这种行为加以纠正，不能放任自流。

纠正这种行为的方法是：当狗狗做出奔扑动作时，应立即发出"不行"的口令，同时用手轻拍狗狗的鼻子。这样多次反复之后，狗狗就知道这是主人不喜欢的动作，以后就不会再乱奔扑了。

训练狗狗的注意事项

调教和训练狗狗，主要是为了使狗狗养成良好的生活习惯和优秀的工作能力。所以，要想训练出听话的狗狗，必须注意以下几个事项。

鼓励为主，不随便惩罚。在训练过程中，只要狗狗是按照主人提出的要求去努力的，就应当用亲切的语调给予表扬，或喂些狗狗爱吃的食物作为鼓励；即使狗狗暂时不能按照主人的要求去做，也不要责骂它，更不能打它，否则会收到相反的效果。

对狗狗进行调教和训练，必须按照科学规律来，不能急躁，不能稍不顺心，就把狗狗冷落在一旁，更不能拿狗狗玩耍、取乐或戏弄、恐吓，否则，不但不能训练出听话的狗狗，还可能会培养出伤害人的叛逆狗狗。

训练幼犬时，要反复、耐心地指明它不能做的事，这样，时间长了，狗狗会形成服从主人指令的良好习惯。但当发现它做了不该做的错事时，也不能放任不管，而应给予必要的惩罚。9~10个月龄时，便可训练它从较远些的地方衔回物品交给主人，以及通过嗅探找出预先给它闻过的藏在附近的物品。1岁以后，可以加一些难度稍大的训练项目，但难度不能一下加得太大，否则会使它因无法做到而失去信心。

训练狗狗与主人随行

训练狗狗与主人随行，就是要使狗狗听从主人的指挥，在主人的右侧，与主人并排向前行走，且在行进中不超前、不落后，以均衡协调的速度和姿势与主人共同前进。

训练要选择在清静且行人稀少的平坦路段进行。

开始时，主人发出"靠"的口令，并附"快"和"慢"的口令。同时，配合以右手自然下垂，轻拍自己大腿2~3下的手势，使狗狗对口令和手势形成基本的条件反射。

待狗狗来到主人的右侧后，拉住牵引绳，随后呼唤狗狗的名字，以唤起狗狗的注意，并发出"靠"的口令；同时把牵引绳向前拉，用稍快的步伐前进或转圈让狗狗随行，每次行走不少于150米。

训练初期，狗狗可能不习惯，会出现超前、落后或想走开的现象，此时应及时发出"靠"的口令，并拉牵引绳，使狗狗走在正确的位置上。当狗狗走到正确的位置后，要及时给予"好"的口令，并抚拍两下或给予食物奖励。

这样经过多次反复训练后，可以考查一下狗狗对"靠"这个口令是否已形成了条件反射。做法：放松牵引绳，让狗狗自由行走。如果狗狗出现超前或落后的情况，即发出"靠"的口令，如狗狗能马上走到正确的位置，就说明狗狗已形成了条件反射。

在这个基础上，还要让狗狗对手势也形成条件反射。做法是：在放松或不用牵引绳的情况下，发出"靠"的口令，同时做出"靠"的手势，直到狗狗对手势也形成条件反射为止。

当狗狗不用牵引绳控制，而能根据口令和手势正确随行时，即可转入复杂情况下的随行训练，如变换速度和行进方向及在陌生复杂的环境里，让狗狗注意力集中，达到在任何情况下都能正确随行的要求。

训练狗狗执行"过来"的命令

训练狗狗执行"过来"这个口令，是为了培养狗狗随时随地都能按照主人的要求，依照口令和手势，立即来到主人身边，顺从地坐下来的能力。也就是要把狗狗训练得"招之即来"，并且靠近身边坐下。

口令："过来"。

手势：右手向前平伸，手心向下，手掌快速上下摆动。

这个项目的训练，可以和"随行""坐下"等结合进行。

训练时，主人牵着牵引绳，先叫狗狗的名字，引起狗狗的注意，然后发出"过来"的口令，右手做上述"过来"的手势，同时边拉牵引绳边后退。当狗狗依据口令来到主人身边时，及时给予一些奖励。这样经过反复多次的训练，狗狗就能按照主人的口令过来。

当狗狗根据口令和手势来到主人的身边时，随即训练狗狗在自己右侧坐下。

刚开始训练时，有的狗狗听到口令和看到手势后可能没有反应，这时可以用一些动作引起狗狗兴奋，如拍手、向相反的方向急跑等，以刺激狗狗过来。当狗狗过来时，即应给予奖励。

注意：不可用突然抓狗狗、追狗狗或惩罚等手段。

训练狗狗执行"站立"的命令

训练狗狗执行"站立"的口令，是为了培养狗狗根据主人的要求站立起来的能力。

口令："立"。

手势：将右臂平伸，手掌向上连续摆动。

训练开始前，主人应将狗狗带到清静、平坦的地方令它坐下。

主人右手抓住狗狗的脖圈，左手伸向狗狗的后腹部，在发出"立"的口令的同时，左手向上托，使狗狗立起。在狗狗立起后，要及时给予奖励。如此反复训练多次，直到狗狗听了"立"的口令时立刻站立为止。

当狗狗在主人眼前听到"立"的口令能够站立后，训练狗狗在距离主人较远的地方，在听到主人发出"立"的口令时，也能马上站立起来。

训练狗狗执行"坐下"的命令

训练狗狗执行"坐下"这个命令，是为了能使狗狗在自由活动的状态下，听到"坐下"的口令后，能够迅速而准确地做出"坐"的动作，并能安静下来，保持这一姿势较长时间。这样既可防止狗狗做出不良行为，又可使狗狗安静下来适度休息，准备接受接下来可能出现的其他命令。

口令："坐"。

手势：若训练狗正面坐时，右臂侧伸，小臂向上，掌心向前，呈"L"形；若训练狗狗左侧坐时，左手轻拍狗狗的左侧腿部。

训练开始时，先让狗狗靠主人左侧站立，然后发出"坐"的口令，同时用左手按压狗狗的腰部，或轻轻地把它的后腿屈曲按下。当狗狗被迫做出坐下的动作后，立即给予奖励。这样经过多次训练，狗狗就能执行"坐下"的命令。

　　训练狗狗正面坐下的方法：主人将狗狗引导到自己面前，右手做出正面坐下的手势，并发出"坐"的口令，按前文所述的方法迫使狗狗坐下。当狗狗坐下后，应立即给予奖励。经反复训练，狗狗对口令和手势可形成条件反射，然后再训练狗狗坐下后的延续能力。

　　令狗狗坐下后，主人持牵引绳慢慢离开狗狗1～2步远，并牵拉牵引绳，迫使狗狗回到原位坐下。狗狗如能在3～5秒钟内坐着不站起来，就应立即给予奖励，以后逐渐训练它延长坐的时间。

　　当狗狗能在离开主人较短距离，坐5分钟以上不动时，即可开始训练狗狗在距离主人10米、20米，甚至30米以外坐下不动的能力。

训练狗狗执行"卧下"的命令

　　训练狗狗执行"卧下"的口令，可以适当抑制狗狗过度兴奋的情绪，并可在狗狗可能比较兴奋、做出不良行为时，及时加以制止。

　　口令："卧"。

　　手势：要狗狗做正面卧时，右手上举，接着向前平伸，手掌向下；要狗狗做侧卧时，右手从狗狗面前向下指。

　　训练开始时，先令狗狗坐在左侧，主人将右腿向前迈出一步，身体向前下方弯下，右手持食物引诱狗狗。当狗狗想获取食物时，就趁机把食物从狗嘴的下方慢慢向前下方移动，同时发出"卧"的口令，并向前下方牵拉牵引绳。

　　当狗狗卧下后，应及时给予食物奖励。随着条件反射的形成，逐步将食物奖励和机械刺激取消，而只以口令和手势令狗狗卧下。

　　在狗狗具有卧下能力时，进一步训练狗狗离开主人一段距离后卧下的能力，直至达到狗狗没有主人的命令就不得起立的程度。

训练狗狗执行"前进"的命令

训练狗狗执行"前进"的口令，就是要培养狗狗根据主人的命令，向一定方向前进的能力。

口令："去"。

手势：主人左腿跪下，右臂平伸向前，手指指向前进方向。

先让狗狗在清静的地方坐下，接着由主人向前走出20米左右，做出假放物品的动作后，返回狗狗的右侧，以手势和口令命令狗狗前进。当狗狗达到假放物品的地点时，令狗狗坐下，然后迅速来到狗狗跟前给予奖励。

如此经过反复训练后，只需用口令和手势，狗狗就能执行指令前进。

训练狗狗吠叫和安静

有些狗狗在不该吠叫时整天乱叫，有些狗狗在该吠叫的时候却闭嘴不叫。这两种情况都属不正常状态，应该用调教训练的方法把它们的不良习惯改正过来。

🦴 训练狗狗吠叫

训练开始时，先令狗狗坐下，把牵引绳的一端拴在树上或其他物体上，然后对狗狗发出"叫"的口令，同时使用手势：右手半伸，掌心向下，对着狗狗做抓握动作，连续做几次。与此同时，左手拿着带有刺激香味的食物，在狗狗面前不断晃动引诱。

狗狗受到食物香味的刺激，有了食欲，但又吃不到食物，就会大声吠叫起来。训练初期，应在狗狗发出吠叫后给予食物奖励，以后训练时所给的食物逐渐减少，最后则完全取消奖励，以养成狗狗只要听见主人的口令和看到手势，就可以吠叫起来的习惯。

🦴 训练狗狗保持安静

训练开始时，可安排一个陌生人逐渐向狗狗接近。当狗狗要叫的时候，主人在此时立即发出"静"的口令，同时兼做手势：将右手置于犬口前，伸出食指，与犬鼻靠近，同时轻击犬口，禁止狗狗叫出声来，以保持安静。

如此反复多做几次，即可引起狗狗的条件反射，以后当狗狗欲叫时，听见主人"静"的口令和手势，即可安静下来。

训练狗狗跳跃

对狗狗进行跳跃的训练，是训练狗狗能够在主人的指挥下跳越障碍物的能力。

开始训练时，宜从高度在30厘米左右的障碍物着手。训练时，主人把狗狗牵到离障碍物1~1.5米处，令狗狗坐下，然后手持牵引绳的一端，走至障碍物侧面，对狗狗发出"跳"的口令，同时向障碍物上方拉牵引绳。当狗狗跳过去后，及时给予奖励。

另一种训练方法是：主人牵着狗狗从距离障碍物3~4米远处，跑到障碍物前，立即发出"跳"的口令，同时将牵引绳向障碍物的前上方牵拉，使狗狗跳过障碍物。在狗狗跳跃过去之后，立即给予奖励。如此连续训练几次，即可形成条件反射。

接着，训练狗狗根据口令和手势就能跳过障碍物的能力。训练时，先让狗狗在距离障碍物4~5米远处坐下。主人走到障碍物前，令狗狗走近主人身边，当狗狗站起来开始走时，立即发出"跳"的口令和手势。狗狗如果未跳过可重新再来，或下次再做训练；若已跳过，应及时给予奖励。在以后的训练中，应逐渐增加障碍物的高度，使狗狗的跳跃能力逐步提高。

训练狗狗安静地休息

家庭喂养的狗狗，在主人休息时，往往会吠叫或发出呜咽的声音，这不仅影响主人的休息，还影响周围环境的安静。所以主人有必要对狗狗进行训练，使狗狗能与人同时安静地休息，这就需要对狗狗进行安静训练。

训练方法：找一个纸箱子，里面垫上旧棉衣或旧毯子，作为犬舍。把一个嘀嗒嘀嗒走动的半导体闹钟放在犬舍的旧毯子下面。当主人准备休息时，令狗狗进犬舍去休息。由于半导体闹钟不停地响着，狗狗不会感到寂寞，它就不会乱吠叫或呜咽，也不会乱跑。经过多次训练之后，狗狗便能在主人熄灯休息的时候，也回犬舍去休息而不乱叫了。

等狗狗习惯了，再把半导体闹钟拿走，因条件反射，它仍会安静地回犬舍去休息。

训练狗狗执行"衔取"命令

衔取训练，是玩赏犬经常训练的项目，也是其他犬种如军犬、警犬、工作犬、猎犬必须训练的科目。其目的主要是通过训练，使狗狗形成按口令将物品衔回的能力。

衔取训练是一种比较复杂的动作，其中包括"衔""吐""来""鉴别"等多项训练内容。所以，训练一般都要分步进行，逐渐形成发射，不能要求狗狗迅速完成。

训练的第一步是训练狗狗养成对"衔""吐"口令的条件反射，一般用诱导和强迫的方法。

用诱导的方法训练，应选择清静的环境和容易引起狗狗兴奋的物品。训练开始时，主人用右手持着该物品，迅速地在狗狗的面前晃动几下，以引起狗狗的注意，接着将物品抛出2~3米远，并立即发出"衔"的口令；当狗狗走近物品将要衔的时候，主人再次发出"衔"的口令，如狗狗已将物品衔起，应再发出"好"的口令，并给予抚摸奖励。待狗狗将物品衔在口中约有半分钟后，发出"吐"的口令，然后将狗狗吐出的物品接下，并给予食物奖励。如此反复进行多次，即可形成条件反射。

但有些狗狗须用强迫的方法进行训练。开始时，令狗狗坐在主人左侧，稍停，即发出"衔"的口令，同时右手持物，左手扒

开犬嘴，将物品放入狗狗口中，再用右手托住狗狗的下颌让狗狗衔住物品。训练的初期，在狗狗衔住物品几秒钟后即可发出"吐"的口令，用手将物品从狗狗口中取出，并给予奖励。反复训练多次后，即可按口令进行"衔""吐"训练。

在此基础上，再进行衔取抛出物和送回物品的能力。训练衔取抛出物时，右手指向要衔取的物品，发出"衔"的口令。当狗狗衔住物品后，可发出"来"的口令，当它回来吐出物品后，要给予奖励。如狗狗衔着物品不过来，则应利用牵引绳来引导它，使它走过来。

训练狗狗听话

未经训练的狗狗是不能听懂人说话的，如果有人想跟没有经过训练的狗狗说话，并希望狗狗能听懂自己说话的意思，纯属痴心妄想。但是无论是否训练过，狗狗对人说话的语气、表情和手势都是很敏感的。因此，要训练狗狗听懂人说的话，就应该用坚定的语气、简单的口令，配以手势动作。

有些狗主人对狗狗过分溺爱，当发现狗狗追着来客或路人吠叫时，不去大声呵止，反而用手轻抚狗狗的头，柔声说："不要这样。"这时，不懂人说话意思的狗狗，会把主人的抚摸和温和的语气理解为对它行为的表扬和鼓励，这对训练狗狗听话会起到相反的作用，狗狗养成习惯后，纠正起来会很困难。

　　有的狗狗见有客人来访就兴奋起来，对着客人大声吠叫，或围绕客人脚前脚后不断嗅闻，弄得客人很紧张。而这正是训练狗狗听话的机会，此时，主人应立即走近狗狗旁边，用严厉的声调发出“别动”的口令，同时伸出右手左右摆动，做出“制止”和“行为不好”的手势。如果这时狗狗欲走开，则应向前将它按住，再发出“别动”的口令，并用手指向犬舍的方向，发出“回去”的口令，然后将狗狗拉到犬舍里，令其别动。

　　此时如果狗狗欲逃走，则要将它按住，同时语气坚定地说：“不准。”如果狗狗能按口令要求回到犬舍里去，就要及时给予爱抚和奖励。这样经过多次反复之后，狗狗就会懂得对客人大叫和围着客人脚边嗅闻是不对的，不良行为习惯就会逐渐改正过来。

对狗狗进行游散的训练

　　游散就是让狗狗自由活动。游散可以缓和狗狗在训练或工作过程中的紧张状态。在对狗狗的训练中，当狗狗做对了某个动作后，主人可以让狗狗自由活动一会儿，以资奖励。

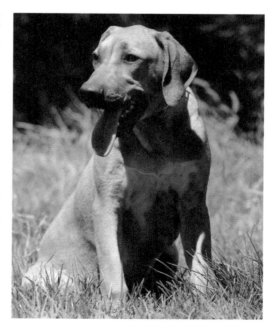

　　这项训练一般与“随行”“过来”“坐下”同时进行。

　　训练时，主人先牵着狗狗一起奔跑，待狗狗兴奋后，将牵引绳放长，用温和的声调发出“游散”口令，用手势指挥狗进行游散。

　　当狗狗跑到主人跟前时，主人应放缓行进速度，然后慢慢地停下来，让狗狗自由活动。经过几分钟后，主人应令狗狗到身边来，狗狗到身边后，主人则抚拍或给予食物奖励。

这样的做法，在同一次训练中可练2~3次，连续进行。

训练时，主人的态度、表情应较轻松、愉快。这个科目经多次训练后，狗狗即能随主人的口令和手势自由游散。

这项训练，一般都在其他科目训练结束后进行。在早上狗狗刚出舍时进行训练，效果会更好。

当狗狗已形成对"游散"的条件反射后，可减少对狗狗的训练，任其充分地自由活动。

为使主人容易控制狗狗的活动，主人与狗狗的距离以不超过20米为宜，这样可以防止狗狗做出扑咬人畜或随地捡食等不良行为。若发现有上述不良行为，主人应扯拉牵引绳，同时用"非"的口令严加制止。

适当运用食物刺激

食物刺激是狗狗训练中常用的，作为对狗狗做好某种项目的奖励方法，既可用来建立非条件刺激，也可用来建立条件刺激。

当食物用来奖励狗狗的正确动作，从而强化条件刺激时，直接作用于狗狗的口腔，引起咀嚼、吞咽等非条件反射，此时食物就是非条件刺激；当主人在一定距离以食物的气味和形状作用于狗狗，并在主人的引导下，使狗狗做出坐、卧等动作时，食物就属于条件刺激。

在使用食物刺激时，必须注意狗狗对食物的兴奋状况，只有当狗狗对食物表现足够的兴奋时（狗狗饥饿时），才能收到较好的效果。训练中为了增强食物的刺激作用，可以利用小块食物，在诱导狗狗做出动作之前稍加逗引，以提高狗狗对食物的兴奋性。

食物刺激法，在训练中既有优点，也有缺点。优点是，在食物的刺激下，可以使狗狗迅速地形成许多条件反射，如坐、卧、过来、前进等；而且，利用食物刺激训练而成的项目，狗狗在做动作时，表现得活泼、兴奋，还能增进狗狗对主人的亲昵感。缺点是，狗狗因为食物刺激而兴奋，所做的动作容易不准确；有些对食物反应不强的狗狗，主人的口令或食物刺激就不起作用。

如果在训练中能把机械刺激和食物刺激结合起来使用，可能会收到更好的效果。这种方法对大多数狗狗和很多训练项目都很适合。

训练狗狗的基本要领

在调教和训练狗狗时，如果要想获得较好的训练效果，使它学会各个训练项目，主人正确地掌握、运用调教和训练要领，是十分重要的。训练的基本要领包括诱导、强迫、禁止和奖励。

诱导

利用食品、物品等对狗狗进行诱导，使它学会做某个动作，是很重要的训练方法之一。诱导与适当的强迫相结合，可以取得较好的训练效果。

对幼犬的训练，可以以诱导的方法为主，但此方法比较适合沉着、安静、不太兴奋的狗狗，不宜对兴奋型和较灵活的狗狗多用。

强迫

强迫就是在训练中，以机械刺激和威胁音调的口令为主，强迫狗狗做出相应动作的手段。

强迫训练开始时，下达威胁音调的口令，并与机械刺激和适当的奖励相结合，一般可收到较好的效果。强迫手段的刺激强度应因狗而异，对敏感性较强的狗狗，特别是胆子较小的，刺激应相对小一些。

禁止

禁止就是用威胁的音调发出停止动作和纠正不良行为的口令。使用这种方法时，一般宜与较为有力的机械刺激一起进行。

下达禁止的口令要及时，应在狗狗不良行为产生的初期发出。主人下达禁止令时态度要严肃，当狗狗禁止做得好时，要及时给予奖励。

奖励

奖励的目的是强化狗狗的正确动作，巩固狗狗已经取得的成绩。

奖励手段包括给食物、抚拍及用奖励音调的口令给予表扬。这是强化正确做法，调节狗狗神经活动状态的手段。

奖励要及时，要根据狗狗兴奋程度的不同，采取不同的奖励方式，主人应先行发出奖励音调、抚拍后再给予其他奖励。

调教和训练狗狗的基本方法

调教和训练狗狗的基本方法，可大致归纳如下。

机械刺激法

机械刺激法包括生理刺激法和疼痛作用法。内容有压迫、拉动、轻拍、抚摸等。机械刺激法除轻拍、抚摸表示奖励外，多属于强制手段，用来强迫狗狗去完成各种科目。但这种方法只能用在意志力坚毅的狗狗身上。

这种方法的缺点是，主人对狗狗进行较强的刺激后，会导致狗狗害怕主人，尽管狗狗可以在强迫之下驯服地完成训练项目，但却对训练内容失去了兴趣。所以这种方法不宜多用，一般用于对警卫犬抑制力的训练中。

食物奖励法

一般用于简单科目的训练，如蹲坐、靠近等动作。主人手上拿着食物，命令狗狗过来，狗狗为了得到美食听话地走过来，这种方法最容易在主人与狗狗之间建立联系，并迅速形成条件反射。

这种方法的缺点是，不能保证在训练或工作中永不间断地给予食物刺激，有些狗狗获得奖励后，就对训练或工作不再感兴趣了，常常不能彻底完成任务，缺乏坚持精神。

对比训练法

此训练方法的特点是，在训练中既运用了机械刺激法，又运用了食物奖励法。

对比训练法绝不是用粗暴的行为强迫狗狗接受训练，而是在机械刺激法训练后，立即给狗狗以美食奖励，让二者形成对比，使狗狗明白怎么做才是正确的。

对比训练法将机械训练法和食物奖励法有机地结合在一起，运用这种方法，主人能与狗狗建立起较牢固的关系。这种方法是训练中最基本、最通用的方法，被大多数狗主人采纳。

模仿训练法

模仿训练法在实际训练中一般用作辅助训练，在牧羊犬的训练中较为常用，在伴侣犬和玩赏犬的训练中较少使用。

运用于猎犬训练时，应将小猎犬与受过训练的大猎犬同时进行训练，如果应用于护卫犬的训练，就应在成年护卫犬的哨位附近进行，以便幼犬模仿受过训练的成年犬的动作。

口令法

应用口令法对狗狗进行训练，应与相应的手势（非条件反射）结合使用，才能使狗狗对口令形成条件反射。

狗狗具有非常敏锐的听觉，能正确分辨同一口令主人所用的不同音调。因此对狗狗的要求不同，主人所发布的口令音调和语气都应不同。在一般训练中，口令的音调分3个等级。

（1）平常音调：音量中等，带有严格要求的意味，用以命令狗狗做出动作。

（2）威胁音调：声音严厉，用来迫使狗狗做出动作和制止狗狗的不良行为。

（3）奖励音调：声音温和，用来奖励狗狗所做出的准确动作。

注意：口令的发音要简单清晰，一经使用，不应随便更改，否则会影响训练效果。

手势法

手势法是主人用手的某种姿势和形态来指挥狗狗的一种方法。使用这种方法，必须特别注意各个手势的独立性和易辨性，并保持手势的定型性和准确性，还要与日常习惯用的动作明显地区分开，才能使狗狗不致领会错误。

另外，平时还要训练狗狗养成特别注意主人手部动作的习惯。

适当使用机械刺激

机械刺激是利用强制手段迫使狗狗做出相应的动作，或停止某些不良行为。强制手段，除了用抚拍作为奖励方式外，还有按压、拉扯牵引绳、轻打等惩罚方式。

机械刺激能引起狗狗的压觉和痛觉，不同强度的机械刺激能引起狗狗的不同反应。主人在训练中，既不能对狗狗使用超强刺激，使它产生超限抑制，从而导致害怕训练或逃避训练的现象；又要避免缩手缩脚，不敢使用刺激或刺激过轻，妨碍条件反射的形成和巩固。

在一般情况下，采用中等强度的刺激较适宜。但在具体使用时，应根据狗狗的特点和具体训练情况适当掌握，灵活应用。

训练中，有时需要刺激狗狗的某个部位，才能引导狗狗做出相应的动作。例如，在训练中，想要迫使狗狗做出坐下的动作，就得按压狗狗的腰部，如按狗狗的其他部位，狗狗就不会坐下。这是因为神经系统对刺激的反应，是通过反射弧来实现的，所以在对狗狗使用机械刺激时，必须有针对性地训练相应的部位，否则就不能收到应有的效果。

实践证明，运用机械刺激训练方法的优点是，在机械刺激的作用下，必然会迫使狗狗做出相应的动作，并能保持这种动作姿势固定不变。如果运用得当，能使条件反射得到巩固。

不过，有一点要提醒主人，如果过多或过强地给狗狗施以机械刺激，会影响狗狗对主人的亲昵感，使狗狗的神经活动处于紧张状态，不利于训练的顺利进行。

对狗狗进行"禁止"训练

对狗狗进行"禁止"训练是很重要的。这可以及时制止狗狗乱咬人畜、随地捡食或吃陌生人给的食物等不良行为。

🦴 禁止狗狗乱咬人畜等不良行为的训练

训练时，将狗狗带到有车辆、行人、畜禽等活动的地方，适当放松牵引绳，让它自由活动，但密切监视其一切行为，如发现狗狗出现扑咬人畜的行为时，应立即以威胁的语气发出"非"的口令，并伴以猛拉牵引绳的机械刺激。

当狗狗停止不良行为时，就用"好"的口令加以鼓励。如此反复训练，直至取消牵引绳也能通过口令达到禁止的目的。

禁衔他人抛出的物品的训练

这种训练可防止坏人用毒物危害狗狗，对军犬、警犬来说特别重要。

在这个科目的训练时，主人最好要有两名助手。训练开始时，先由助手将手中的物品抛出，当狗狗欲追衔时，主人应立即发出"非"的口令，同时伴以急拉牵引绳的动作加以制止，当狗狗停止追衔时，应立即给予奖励。

接着由另一名助手再抛出物品，狗狗若仍想追衔时，仍应立即发出"非"的口令，并急拉牵引绳加以制止。这样的训练，在同一训练周期内可连续训练3~4次。

当狗狗不再追衔他人抛出的物品时，这个训练科目就算是完成了。

禁止狗狗随便捡食的训练

训练和养成狗狗不随处捡食的习惯，是很重要的一个训练科目，因为让狗狗养成不随便捡食的好习惯，既可防止坏人或敌人投放毒物危害狗狗的生命，又可防止狗狗因在外乱捡食传染上疾病。

训练开始时，可由助手很自然地接近狗狗，并给狗狗食物；也可以先将食物放在明显的地方，然后由主人牵狗狗到此游散。当狗狗接近食物并想吃时，主人立即用威胁的声调发出"非"的口令，并伴以猛拉牵引绳的刺激加以制止。

当狗狗停止捡食时，给予奖励。如此反复多次训练，可防止它乱捡食，并形成条件反射。

施行"禁止"口令的注意事项

训练狗狗执行"禁止"任务，是主人为制止狗狗不良行为所采取的一种手段。如制止它咬家畜、家禽和陌生人，制止它随地捡食或吃陌生人给予的食物等行为。

"禁止"一般是用威胁的语气发出"非"的口令，施行时要与强有力的机械刺激结合起来。

　　主人在用威胁的语气发出"非"的口令时，同时猛拉牵引绳进行机械刺激，这样反复运用多次，狗狗对"非"的口令就会形成抑制性的条件反射，以后在狗狗出现不良行为时，只要使用"非"的口令就能达到禁止其行为的目的。

　　正确使用禁止手段，主人还须掌握以下几个要点。

　　在主人下达"非"的口令之后，仍要不时使用机械刺激，让反射作用继续保留。

　　使用禁止手段，必须掌握时机。应在狗狗的不良行为刚要发生时就发出禁止口令，若延误时机，等到狗狗的不良行为已经发生再加以禁止，就已失去禁止的意义。

　　主人在发出禁止的口令时，态度应该严肃，但并非要对狗狗进行打骂，当狗狗在听到禁止的口令后立即停止不良行为时，就应及时给予奖励，以缓和狗狗的紧张情绪。

　　对狗狗进行机械刺激的强度，应根据狗狗的具体性格特点适度施行、分别对待、灵活施用，对待幼犬更应慎重。

施行强迫手段的注意事项

强迫手段是指主人训练狗狗时采用机械刺激，迫使狗狗准确地做出与口令要求相符的动作，以完成训练意图的一种手段。

在建立条件反射的初始期，强迫手段的刺激强度要适中，目的是迫使狗狗做出动作，并对口令形成条件反射。如主人以平常的声调发出"去"的口令，同时结合拉牵引绳的机械刺激，迫使狗狗往前去。通过这种反复施行的强迫手段，狗狗很快就能形成条件反射。

但进入复杂环境训练时，外界刺激增多，狗狗往往不能顺利执行口令，延迟做出动作，在这种情况下，必须采取威胁语气迫使其形成条件反射。以后即使单独使用威胁语气的口令，也同样能迫使狗狗迅速地做出动作。

如果狗狗患了疾病或身体很疲劳，也会影响它执行口令，不能迅速做出动作，在这种情况下，不但不能强迫它做动作，而且应该及时进行治疗，或让它好好休息。

在施行强迫手段时，必须注意下面几个事项。

口令和机械刺激要结合施行，强迫手段的运用应该及时、适度。

使用威胁的语气和强有力的机械刺激，容易使狗狗产生超限抑制，且会影响狗狗对主人的亲昵感，因此运用强迫手段，必须与奖励相结合，即在每次强迫狗狗做出动作以后，应给予充分的奖励。

使用强迫手段，要根据狗狗的性格特点决定刺激强度的大小。对能忍受强刺激的狗狗，刺激度可适当大些；对那些灵活性较强、胆子较小或皮肤敏感的狗狗，刺激强度应该小些。

应该在必要的训练项目中适度采用强迫手段，但不宜用得过多，否则，容易产生不良后果。

第三章

常见狗狗品种
选购与驯养

吉娃娃犬

肩高： 吉娃娃犬身体矮小，一般肩高为15～20厘米。

体重： 体重轻者只有0.5千克，重者可达2.7千克，以0.8～1.8千克最为理想。

头部： 头部略呈苹果形，其头盖骨中部囟门处有一个小凹陷，即使成年也不会长满。耳大，间距宽，常侧斜，警戒时则直立起来。

鼻部： 黑色或褐色，以黑色为佳。

吻部： 短而尖，齿钳状或剪状咬合。

体形： 躯体略呈圆柱形，肩向后倾斜，背平，肋骨充分张开，胸部发达，尾长且尖细，四肢细小。

被毛： 吉娃娃犬的被毛有长毛型和短毛型两种。长毛型的，其被毛长、直且柔软，或稍有波状小曲，有绒毛层的为佳，耳尖及耳后、颈、肩皆有饰毛，尾部及趾部也有丰满的羽状饰毛。短毛型的，其被毛短而密，贴身而富有光泽，颈部毛较长，但头部及耳毛较稀疏，以尾部有绒毛的为佳。吉娃娃犬的被毛有多种颜色，如白色、奶油色、黑色、大理石色、柠檬色、棕色等。有单色的，也有带花斑的。

🦴 发展历史

吉娃娃犬又名奇花花、支华华、芝哇哇、奇瓦瓦、齐花花等。这些名称都来源于最早开始繁育吉娃娃犬的，位于南美洲墨西哥的一个名为齐瓦瓦的城市名称的音译。

吉娃娃犬是美洲大陆上最古老的犬种之一。有一种说法认为它是和美国阿拉斯加的裸犬杂交后培育出来的；另一种说法则认为它是古墨西哥托尔特克文明时代饲养的"特齐齐"狗与中国冠毛犬杂交而产生的犬种；还有种说法认为它培育于阿兹特克文化时代，是当时的统治者让奴隶精心培育而成。更有犬学家认为吉娃娃犬起源于中国，是由来中国的西班牙人把这种犬从中国带到菲律宾，转而带到墨西哥，至19世纪末才传入欧洲繁衍起来的。吉娃娃是世界上最小型的犬种之一，由于它身体小巧玲珑，性格活泼可爱，适合于放在手中玩耍，甚至可把它放在大衣口袋里，因而是极受人们喜爱的一种著名玩赏犬。

据有关书籍记载，早在公元1100年时，墨西哥贵族就将吉娃娃犬作为玩赏犬饲养了。16世纪时，西班牙人征服了墨西哥，当地土著人就把这种狗狗奉献给了西班牙入侵者。西班牙人将它带回欧洲后，就在欧洲繁殖开来了。

到了19世纪中期，美国开始引入这个犬种；19世纪末、20世纪初，美国展出了这种犬并随后成立了吉娃娃犬俱乐部；到20世纪中期，英国也成立了吉娃娃犬俱乐部。现在，吉娃娃犬已在各国普遍饲养，并成了一种著名的小型玩赏犬。

🦴 生活习性

吉娃娃犬虽然体形小，是世界犬类中的"小不点儿"，但它胆大、勇敢，气质高傲，容易冲动，在大型犬面前不胆怯。同时，吉娃娃聪明，行动敏捷，喜爱玩耍。它对主人忠诚，也是很尽责的看家犬。

吉娃娃犬最喜欢随主人出去打猎，它善于自卫，喜欢吠叫。这种犬的弱点是很不耐寒，所以冬天应为其保暖，让其在10℃以上的环境中生活。

🦴 驯养知识

　　吉娃娃犬有一个令人喜欢的优点，那就是它对生活环境和食物要求不苛刻，因而比较容易饲养和管理。在食物方面，每天给它60～90克的肉类就足够了，较大型的吉娃娃犬，也只需每天供给150克左右的肉类，另加适量的蔬菜和饼干等。

　　由于这种狗不耐寒，所以食物也应以温热的为宜。肉类应先煮熟、切碎，并和干犬饲料与温开水调和后再饲喂。

　　供饲的食物量应根据吉娃娃身型的大小、气候的冷热和它食欲的好坏来酌情决定。不能让它挨饿，但也不可供食过量，一般是体形较小的宜少供些，体形较大的则多供些；活动量大时则多供些，活动量小时则少供些；气候凉爽时可稍多供些，气候炎热时则稍少供些；食欲强时可适量增加供食，食欲差时可适量减少供食。总之，要以其吃得健康为原则。

　　另外，给予的食物要清洁、卫生和新鲜，食盆等食具应经常洗涮干净，要随时供给清洁的饮水。

　　吉娃娃犬喜欢活动和戏耍，主人应时常带它出去走动，使它有一定的运动量，这样有利于它的健康。但吉娃娃犬玩心很重，常常不能节制，要注意不能让它运动过度。

　　主人在空暇时，应用软刷子为它梳理被毛，然后用柔软的丝绒或绒布轻轻擦拭，使其被毛油润光亮、保持健康。隔一段时间应为它修剪一下脚趾，可使它行动利落，更加活泼。吉娃娃犬的眼睛和耳朵，也应每周用浓度为2%的硼酸水为其清洗擦拭。

吉娃娃犬是一种宜于室内饲养，不适于长时间室外放养的狗，它很不耐寒，一旦受了凉，就容易患肺炎或风湿性关节炎等病症，所以在冬天或需外出时，要为它穿上毛线编结的或绒布制成的罩衣，使其不致受寒患病。此外，由于它囟门处有小凹洞，头盖骨比较娇嫩，四肢十分纤细，玩耍时不能让它做剧烈的运动或从高处往下跳，防止跌伤头骨或跌断腿骨。

	选购技巧与健康指标
1	在选购吉娃娃犬之前，最好先看些相关资料，初步了解吉娃娃犬的外形特征和性格特点，做到心中有数。这样，在选购时就容易分辨出优劣，从而选到理想的、符合要求的佳品
2	吉娃娃犬的体形要求：头要偏苹果形。鼻不宜长，以短而尖的为好
3	耳朵要大而直立，耳缘要有饰毛。面额要修长而不能短而粗壮，否则就无法体现吉娃娃犬特有的美态
4	脚趾应选猫状的或野兔状的，也就是小而优美的
5	尾要细长，并且向上卷曲
6	眼睛要大而圆，不宜选眼球显著突出的
7	被毛要柔软而有光泽，略微卷曲的较美观，底毛要较细密的
8	不要一味追求狗的体形小，因为体形太小的狗，可能是一窝中身体最不强健的
9	要选体格强健，没有疾病（脱毛、流鼻涕、稀便、咳嗽、厌食等），不乱吠的
10	应选有兽医部门的检疫证书和预防接种记录及驱虫计划书的

迷你雪纳瑞犬

肩高： 大型雪纳瑞犬一般为60～70厘米，标准型雪纳瑞犬一般为45～50厘米，迷你雪纳瑞犬一般为30～35厘米。

体重： 最重的可达34千克，最轻的只有5千克左右。

头部： 呈矩形且稍长，眼部向鼻方向稍狭，头盖骨稍长，头顶平坦。

鼻部： 鼻色黑。

吻部： 口吻端呈钝角。

体形： 胸部宽阔并向腹部略微收缩；背直而强健，呈方形；腰部丰满；臀部强健。

被毛： 被毛粗硬，稠密丰厚，有刚毛与绒毛两种。刚毛粗而硬，在颈部、耳朵以及头顶处密生，长的可达4厘米。绒毛短而稠密。被毛通常有黑色、黑白色或胡椒色。

🦴 发展历史

雪纳瑞犬，因名称翻译不同，又名史劳策犬、大胡须犬、小史猱查猂、小雪纳瑞犬、小型施诺泽犬、小刚毛犬、小型史纳沙犬、却雨克犬等。

它原产于德国的巴伐利亚地区，历史悠久，是古代猂犬的后裔。

对于此犬的繁育历史，多数人认为它是由标准型雪纳瑞犬和 17 世纪风行欧洲的阿芬品犬杂交而培育成的。

也有资料认为，迷你雪纳瑞犬有迷你品犬、博美犬、猎狐犬和苏格兰猂的血统。

在 1492 年的一幅油画里，画家把当时人们用此犬牧羊与看家的情景栩栩如生地表现在画面上。19 世纪，这种犬又被作为替农场、牧场及庭院消灭老鼠、捕猎獾与狐狸用的猎犬饲养。

1899 年，迷你雪纳瑞犬被作为一个独特的品种参加展出，并正式得到了承认。

1905 年雪纳瑞犬传入美国。1925 年，美国成立了雪纳瑞犬俱乐部。从此以后，这个品种就在世界各地普遍繁衍饲养了。

🦴 生活习性

迷你雪纳瑞犬生性聪明、活泼、胆大而勇敢，体格强健，精力充沛，爱活动，服从性强。

此犬对主人很忠诚，容易训练，善于和儿童相处。

过去，这种犬是作为农场犬而培育的，后来人们看到这种犬忠诚于家庭，有出色的看门本领，于是逐渐培育成了富有魅力的伴侣犬。

🦴 驯养知识

在每天提供给迷你雪纳瑞犬的饲料中，应有肉类 250~350 克，再加等量的干犬饲料、蔬菜或饼干等。

肉类应先煮熟、切碎，加适量的水，与干犬饲料混合搅拌后再喂食。喂饲要定时定点，进食限在15~25分钟内结束。若在规定时间内未能吃完，就要把食盆端走，并清洗干净。清洁的饮用水应不限量供应。

迷你雪纳瑞犬喜欢跟随主人外出散步和玩球，因它既能适应乡村自由的生活，也能适应城市公寓生活，因此很受人们欢迎。

每天要为它刷洗被毛，以保持洁净。春秋两季要为它修剪被毛过长的部分，还要定期清除耳垢、牙垢和眼屎，以及修剪脚爪。

耳部、颊部和头部的毛也要定期修剪，富有特色的眉毛和睫毛也要修剪美化。对其全身各部被毛的修剪，要注意以下几点。

（1）头盖上的毛，不能任由其长长，要修得短一些。

（2）颊部和口角之间及眼部的毛，也要修剪得短一些。

（3）口吻部的毛及颊部、颌部的须毛，要适度修剪，使其匀称美观。

（4）耳朵内侧和外侧的毛要修剪得短一些，耳壳外周的毛要修剪得整齐些。

（5）咽喉部的毛要修得短而整齐。

（6）颈毛与被毛要剪得长短适中，使背线均衡而整齐。

（7）颈部和背部的毛要按毛的序向，从背上开始，向左、向右按顺序修剪。

（8）前颈和前胸部的毛，也要按毛的序向，向肘部进行修剪。

（9）肩部的被毛，应向前胸方向逐步向前修剪，并要短一些。

（10）从背到胸下的毛，要适当留长些，且要向体后修剪。

（11）从背部起至大腿中部的毛，要修剪得很短。

（12）腰部的被毛，要修剪得比胸毛更短，腰以下向上卷的毛也要剪短。

（13）在修剪前肢的毛时，要剪去肘部前方与侧面的毛；脚趾周围的毛及趾间的毛也应剪去。

（14）从肩部到脚趾尖的后方及从前胸至脚趾尖的线条上的毛要修剪得均匀整齐。

（15）后肢内侧的毛，要修剪整齐。

（16）从背部至大腿中部的毛，要剪短。

（17）跗关节部分的毛，须剪得极短，能清楚地见到皮肤。

（18）尾部过长的毛，要适当修剪，但不能剪得太短。

（19）尾巴以下至臀部的毛，要剪得很整齐，但不可剪得过短。

在饲养过程中，要经常注意狗狗的精神状态、行动、食欲、大便的形态、鼻垫的干湿度及凉热，以便及时掌握狗狗的健康状况，若发现不正常或患病迹象，要及早采取治疗措施。

选购技巧与健康指标	
1	在选购迷你雪纳瑞犬之前，应参阅相关的资料，对该品种的体形特征和性格特点有初步的了解，以便选购时可以参照检查
2	选购时，关键要选身体结实而健壮、肌肉发达的
3	要选头部比较窄长而额部较平的；选耳朵呈"V"字形向上直立，耳端略微向前倾的
4	眼睛大小宜适中，不宜选眼睛过大或眼球向外突出的；应选眼球深棕或黑色的
5	选脊背结实而直的，颈部较长而略呈拱形的
6	四肢要强劲有力；前肢直，后肢倾斜，大腿肌肉丰满。脚要呈圆形，趾像猫脚趾
7	体毛粗硬，体高与体重在标准范围之内
8	若犬体被毛过短，纯白毛或体有白斑，不做优先考虑
9	有颊部过度扩张，胸部太宽或太窄，尾根低，背部不直等问题的，不做优先考虑
10	若上颌或下颌前出，门齿不能做剪式咬合，则不合乎该品种犬的标准
11	决定选购后，要向卖主索取该犬的血统证书、技术资料、防疫注射证书等材料

泰迪犬

肩高：大型一般为38厘米以上，中型一般为25～38厘米，小型一般在25厘米左右。

体重：大型为9～15千克，中型为5～9千克，小型为2.5～5千克。

头部：头部呈圆顶形，额部窄小。

鼻部：鼻为黑色或巧克力色。

吻部：口吻长且直，唇部大小中等，颊部平坦，上下颌门齿呈剪状咬合，齿色白而健康。

体形：耳朵长而宽，眼睛呈卵形。颈部长，胸宽而深，背平而短，腰宽广而多肌肉。

被毛：泰迪犬是被毛卷曲的卷毛犬，被毛丰满，但较粗糙，有卷毛和绳索状毛两种。卷毛质地自然但较粗糙，密布全身；绳索状毛均匀紧密地下垂呈绳状。其被毛颜色有黑色、白色、银色、灰色、淡褐色、杏色、奶油色和橙色等。

🦴 发展历史

泰迪犬又称贵宾犬、蒲尔犬、蒲多犬。

泰迪犬的原产地究竟是德国、法国、意大利还是葡萄牙，尚有争议，至今难以确定。

有些犬学家认为泰迪犬原产于德国；但法国犬学家认为泰迪犬原产于法国，早期把它作为捕猎犬和杂技表演犬饲养；而意大利犬学家则认为泰迪犬原产于意大利。不过，多数犬学家同意原产于法国的说法，尤其是白色的泰迪犬。认为泰迪犬原产于葡萄牙，其祖先与葡萄牙水猎犬有亲缘关系的说法，被多数犬学家否定。

19世纪时，法国饲养泰迪犬作为水猎犬用，水猎犬就是在水中捕猎野鸭用的犬。

多数犬学家认为，欧洲的泰迪犬繁育历史悠久，最早可能出现于18世纪30年代，其血缘与爱尔兰水猎犬相似，是法国巴贝犬和匈牙利水猎犬的后代，那时的泰迪犬作为警卫或狩猎犬，体形高大，肩高可达38厘米。一直到许多年后，才逐渐培育出小型泰迪犬和玩具泰迪犬。

泰迪犬成为水猎犬以后，为了方便其捕猎时游泳，特将其部分被毛剪去，后来就逐渐形成了一定的被毛式样而承袭下来。

🦴 生活习性

泰迪犬聪明伶俐，机智敏捷，很自傲，有耐力与韧性，非常活跃，易于训练。它能服从主人的命令，听从指挥，善于文艺表演。它的缺点是喜欢受人赞赏，爱出风头，有时也会羞怯。

泰迪犬的毛发蓬松，针毛层极为茂密，被毛像极细的金属丝，紧密而卷曲；其绒毛像羊毛，若不修剪，可形成细毛柱形毛束。

　　泰迪犬由于被毛蓬松，造型独特而美丽，一直受贵妇们的喜爱，长期盛行于欧洲。这种犬不仅聪明活泼，而且具有猎犬时代的遗风，既可作为玩赏犬，也可作为表演犬，深受人们的喜爱。

驯养知识

　　1. 泰迪犬的食物必须含有丰富的蛋白质，每天给予肉类不得少于150克，喂前要加等量的素食或饼干用水调和。同时应供充足的新鲜的饮水。所喂的肉类必须新鲜而洁净，餐具要经常洗刷消毒。

　　2. 每天要引导它在庭院中玩耍或快步行走，保证其有适量的运动。

　　3. 它的毛要特别护理，每天都应用软钢丝刷为它刷毛，并每月修剪一次被毛，还要定期为它洗澡。

　　4. 后躯的毛要经常修剪。这种犬十分喜欢游泳，见到水就往水里冲，甚至会玩自己的尿液，所以经常弄污被毛，一旦发现毛发脏污，就要立即清洗、修剪。

　　5. 要经常为它清除牙垢和外耳道上的耳垢。

　　6. 泰迪犬的幼犬很容易患病，平时要特别注意预防，也要注意它的饮食卫生。

7. 每天都要认真观察泰迪犬的健康状况，特别要注意以下几个方面。

①精神状态是否正常，是否活跃，是否神情呆滞。

②鼻垫的温度及干湿程度是否正常。

③身体的温度是否正常，有无发热症状。

④食欲有无减退。

⑤大便是否正常，有无腹泻或便秘现象。

⑥吠叫的声音是否正常，有无声音沙哑等喉炎现象。

一旦发现有患病迹象，应给予针对性治疗。

	选购技巧与健康指标
1	选购时应按照该犬的品种特征和性格特点，逐条核查拟购的对象是否符合标准
2	上、下颌门齿呈剪刀状咬合，牙齿洁白、整齐、坚实，不突出颌外，没有歪牙或倒牙
3	行动要自如，精神要饱满，体格要健壮，无消化道疾病和遗传性疾病
4	被毛要浓密，毛的质地要强韧而柔软，身体下半部分的被毛不缠结，无结团现象
5	被毛宜为纯色，不宜有杂色毛
6	双眼眼球只宜呈棕色或黑色，眼带红色或红血丝的，多数有眼病或视力不好，不宜选择
7	肩要强壮，背部要直，腰部要宽，腹部要略微收缩
8	耳朵要长、宽且圆，下垂至两颊，耳根宜较低，耳部的饰毛要丰满且紧密
9	尾巴的基部要粗，尾巴要直立，不能弯贴在背上，贴背的有碍外形美观
10	脚趾要紧，稍呈拱形，脚底的肉垫要软而厚
11	站立时姿态要挺直，步行时姿态步履要轻盈而优雅，步距以细碎的为好
12	要选聪明、机警、行动敏捷、脾气好、能顺从指挥调度、不随便吠叫的
13	双眼眼角积有眼屎，肛门周围粘有粪便，鼻部干燥发热，等等，都属病象，不宜选择

博美犬

- 📏 **肩高：** 一般为20厘米左右。
- ⛰ **体重：** 一般为1.5～3.5千克。
- 🐾 **头部：** 头部呈楔形，头顶稍尖，有点儿像狐狸的脸形。
- 👃 **鼻部：** 鼻为黑色。
- 👄 **吻部：** 吻部较尖，不甚长。门齿为剪刀式咬合，咬切力大。
- 🐕 **体形：** 前躯向后倾斜，颈高耸，脊背短，胸宽深，肋骨扩张度略大，后躯细，整体前重后轻。
- 🪶 **被毛：** 博美犬的被毛，上层长而直，不卷曲，也不具波浪状，质地较粗，覆盖全身，具有光泽，其头部、胸部、肩部有厚绒毛层，较蓬松；下层较柔软，腿、尾和趾上的饰毛长且厚，臀部有长饰毛，颈部的周围有一圈厚毛。博美犬被毛的颜色有多种，如红色、白色、黑色、橘色、褐色，有的有虎斑纹以及界线分明的斑块，以前脸、眼周、耳皆黑的为佳。

发展历史

博美犬又名波默拉尼狐狸犬、博美拉尼亚犬、松鼠犬，原产于德国博美拉尼亚州，故名之。博美犬与萨摩耶、北极狐犬、挪威猎麋犬、松狮犬有亲缘关系，有较为悠久的繁育历史。

博美犬的繁育历史可追溯到18世纪，那时许多欧洲国家已有人在饲养博美犬，但那时的博美犬的体形要比现在的大得多。19世纪末该犬种传入英国，受到维多利亚女王及一些爱犬者的喜爱。后来经过较长时间的培育，育成了既可以展示又能进行表演的小型犬。博美犬也由原来10千克以上的中大型犬，被培育成了3千克左右的小型犬。当时的英国国立犬舍协会，为了鼓励培育小型博美犬，采取了强硬的措施：那些体重超过3.6千克的博美犬，不发给证书。到20世纪初，美国也成立了博美拉尼亚犬协会，使这种犬在美国也得到了推广。

博美犬在19世纪末得到英国女王的赏识之后，身价大大提高，一度成为犬中榜首，但后来这个位置被北京狮子犬所占，博美只能退居第二，但仍不失为世界著名的佳犬之一。

生活习性

博美犬开朗、活泼、机警、行动敏捷，但生性自傲，容易发脾气，会狂吠乱叫。但它们大部分时间都很温顺，对主人忠诚，对客人热情，对小孩也很友善，喜欢有人爱抚，喜欢坐在主人或客人的腿上。会不自量力地向大犬挑战，以显示它的威猛。饲养者应对它进行管教，不让它养成坏脾气和坏习惯。

博美犬的适应性很强，容易接受训练，如调教得当，可以使它改去容易发脾气的恶习和喜欢狂吠乱叫的坏习惯，恢复其欢乐和生气勃勃的原本品性。作为温顺的沙发小犬，博美犬能完成看护小孩和看家的任务。

🦴 驯养知识

　　饲养博美犬，应重视其营养的摄入，在每天的饲料中，应供给它肉类150～170克，以及等量的素食或饼干，用适量的温开水调和后喂饲。还应不限量供应清洁的水。食物要注意新鲜和干净。

　　博美犬是一种非常活跃的小型犬，不能总是把它关在家里，别看它身体很小，但可以走很远，因此，应经常带它出去散步，适当的户外活动可促进其健康。

　　梳理博美犬的毛，是件必不可少的工作，如果不能每天梳理，也应至少每周梳理2～3次，因为梳理不仅可让其两层毛松顺不致缠结，而且可促进其体内血液循环和新陈代谢。梳理时，要先用0.1%的护发素将毛淋湿，然后用手搓揉，用湿毛巾擦洗后再用干毛巾吸干，最后将毛梳顺、梳松。由于其毛有两层，如不经常梳理，它的下层毛很容易缠结起来，滋生细菌和虱子。一旦出现被毛缠结，再去梳解缠结成团的毛，就会造成其大量脱毛，且易引起皮炎等疾病。

博美犬的趾甲长得较快，容易钩伤主人或抓破衣服，须经常修剪。其身体各部分被毛及尾毛，也应根据保持其体形优美的需要，适当加以修剪梳饰。平时除用粗孔梳梳理全身被毛外，还应用细孔梳为其梳理颈部、脸部、耳部、口端及脚部的短毛。

博美犬怕受冷落，因而在主人出门探亲或旅行时，最好也将其带上，以满足它喜欢与人交往和喜爱热闹的精神需求，可使它更加活泼、欢快、讨人喜欢。

博美犬有生性自傲的缺点，平时不可对其过分纵容、宠溺，须注意适当调教，不让它轻易发怒和狂叫，以免令人生厌。

平时还要关注它是否有患病的迹象，一旦出现患病苗头，应及时对症治疗。

	选购技巧与健康指标
1	要先看些有关博美犬外形特征及其性格、习惯的资料，以便在购买时辨清优劣，购回符合标准的纯种博美犬
2	在体形上，要看犬的大小、肩高和重量是否适宜，有无畸形等情况
3	在观赏价值上，要看能否达到外形优美、玲珑活泼、灵敏可爱的要求
4	要看全身被毛是否均匀、丰满，毛色是否干净雅观
5	博美犬虽属小型犬类，但不可体形过小，雄性体重少于1.8千克的不可选购，雌性体重少于1.6千克的也不可选购。体形过小的雌犬分娩时难产的较多
6	脚趾也应认真察看，要选大小适中、有细密饰毛的
7	头骨过圆或过扁平，鼻色过浅，眼睛过小或突出，眼周围色浅，耳朵过大下垂的，均属不好的品种
8	经常将舌伸露口外的犬，属腹内过热，是一种病态，不宜选购
9	体质健壮、吠声响亮、精神饱满、步态轻快自然的应列为首选

比熊犬

肩高：一般为20～30厘米。

体重：一般为3～8千克。

头部：头盖骨较长，头部因被毛遮盖，外观呈圆形。

鼻部：鼻部圆而色黑，柔软光亮。

吻部：嘴唇略微下垂，亦为黑色，上下门齿为锐状咬合。

体形：颈部略长，胸深、背部稍圆而平直，腰部宽阔略呈拱形，肌肉丰满发达。

被毛：被毛丰富，全身披螺旋状长毛，毛质柔细，长6～10厘米，被毛单层，无绒毛。被毛多为纯白色，但也有在白色被毛下带有少量暗色毛的。

🦴 发展历史

比熊犬又名小白卷毛犬、法国拜康犬、法皇拜康犬、短鼻卷毛垂耳犬。此犬原产地说法不一，大多数研究者认为原产于法国或比利时，英国人则认为原产于英国。也有一些研究者认为原产于地中海地区，可能是巴比特犬和水猎鹬犬的后裔。

比熊犬曾分为4类，即比熊哈瓦拉犬、波隆那比熊犬、马尔他比熊犬和比熊特纳利夫犬。

比熊犬最早是在加那利群岛的特纳利夫岛流行起来的。13世纪时，意大利水手发现了这种犬，便把它带到了欧洲大陆，从此，比熊犬就成了欧洲各国贵族的宠物。

16世纪初，弗朗索瓦一世时这种犬被引入法国，在16世纪后半期，该犬处于鼎盛时期，在西班牙著名画家的画中，都能看到比熊犬活灵活现的形象。

18世纪末期，比熊犬曾一度衰落，只有少数卖艺人带着它作为表演犬在街头露面，直到20世纪，比熊犬才再度受到欢迎，重新兴旺起来，风靡世界各国。20世纪中期，该犬种被正式引入美国。

🦴 生活习性

比熊犬性情活泼、开朗、聪明、机警而且勇敢，感情丰富，善于和人亲切相伴，对主人忠诚，能服从主人指挥，喜欢被人爱抚与赞赏。对环境有较强的适应能力，不害怕陌生的环境和人。常喜欢昂首引颈，高举卷曲的尾巴，显出得意洋洋的姿态。

由于此犬具有洁白如雪的被毛，身材小

巧玲珑，姿态优美，令人喜爱，故饲养者较多。

比熊犬聪慧灵巧，易于训练，善于学习各种表演技能，因此，它不仅是优秀的陪伴犬，也是出色的表演犬。

驯养知识

在比熊犬每天的饲料中，应配肉类150～180克，再加入等量的干犬饲料或饼干，用适量的水调和后喂饲，肉要煮熟切碎后再调拌。各种饲料都需选用新鲜和清洁的食材，尤其在气温较高的季节，上顿吃剩的食物，不能在下顿继续供喂，必须倒掉，并洗净食具。

比熊犬生性活泼好动，每天都要有一定的时间让它尽情地奔跑与嬉戏，让它自行在院内散步或带它外出散步，总之要保证它有一定的运动量，以促进它的消化功能正常运转，增强抗病能力，保证身体健康。

由于这种犬的美姿主要表现在洁白的被毛上，所以必须注意被毛的清洁、整齐和柔软，要经常仔细地为它梳理和修剪被毛。天凉时可每隔1~2天梳理一次，天热时每天都须梳理，还应定期为它洗澡。

每隔一段时间，在梳理被毛或洗澡后，都要为它修剪各部分过长的饰毛，以保证它姿容优美。

毛的修剪要求是：把头上的毛修剪成圆形，让眼睛露出来；脚趾四周过长的毛也要适当修剪；修剪时要注意安全，切勿损伤皮肉。

选购技巧与健康指标	
1	选购时应按此犬的外形特征和性格特性进行挑选，要求选购对象基本符合各项标准，不应有差异太大之处
2	此犬与马尔济斯犬有不少相似之处，选购时一定要加以区别。它们的不同之处在于马尔济斯犬的被毛长而直，比熊犬的被毛短而卷曲；马尔济斯犬四肢较长，比熊犬四肢较短小
3	要求上、下颌门齿作镊状咬合，嘴唇黑而下垂，鼻圆而色黑
4	眼睛应稍圆但不突出，且呈暗色，眼缘也呈暗色
5	不可选上、下颌前突，鼻呈粉红色，眼及眼周颜色浅淡，被毛色杂、有黑色小斑的
6	不应选四肢粗壮像牛，口吻既短又粗、牙齿不能咬合或缺齿，尾巴直立在背上或下垂的
7	不能选颈部过粗、过短，躯体蜷曲，头部常低垂，尾部无毛的
8	不宜选患有疾病，肛门周围有黄色渍迹或沾有粪便的
9	应选择被毛洁白如玉，毛长而略微弯曲的
10	应选择常昂首并竖起尾巴，步态轻快优美，精神饱满，显出得意洋洋神态的

北京犬

▤ **肩高**：一般高20～25厘米，最高的也不超过27厘米。

▲ **体重**：标准体重为5千克，但也有超过6千克的。

🐾 **头部**：头部宽大，天庭内陷，两眼大且突出。

🎨 **鼻部**：鼻部宽扁，鼻孔宽大，眼鼻都呈黑色。

🔖 **吻部**：吻部扁而翘，嘴上部有皱纹。

🐕 **体形**：体形矮墩墩，长毛披身，胸部宽大，后腰细窄，前身低矮后身较高。

🐦 **被毛**：北京犬全身长着长直而茂密的被毛，不粗不细，光润柔软，直至腿、臂、脚趾都垂着较厚的饰毛。前脸及眼、耳、鼻皆呈黑色的最受人喜欢。

🦴 发展历史

北京犬也称"北京狮子犬"，人们习惯称之为"京巴""狮子"，是因为其嘴巴短而且宽，类似狮子。冠以"北京"两字，是因这种犬原本为北京独有，并未传种外地，当地人就以"北京狮子犬"名之。这个品种，目前在我国繁衍最多。

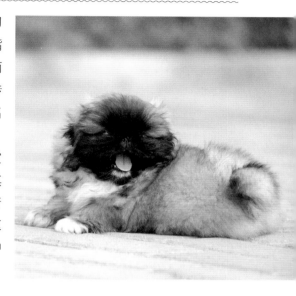

据记载，从前，只有宫廷贵族才有玩赏和饲养北京犬的特权，不允许民间饲养。其实，这种狗由于当时价格高得令人咋舌，普通百姓也没有经济能力买得起它。正因为这种狗只有少数贵族饲养，没机会与其他品种的狗杂交，因而一直保持着血统纯正。

🦴 生活习性

在众多的犬种中，北京犬在我国繁殖得较快、饲养者较多。北京犬之所以受广大养狗爱好者的喜爱，主要是因它有以下三个优良特性。

（1）温和驯顺。无论是训练它的各种能力，还是抱着它玩赏，无论是带它到室外散步，还是为它洗澡梳毛，它都能温顺地接受人们的安排，轻易不会反抗，更不会伤人。即使是小孩抚摸它，和它逗乐，它也能很好地配合。它很有灵性，特别是对熟识的人，很亲善友好。在养熟了之后，对主人说的话，也能领会其中的意思。当喊到它的名字时，它会立即表现出答应的神态。当人们用"过来""出去""躺下""回家"等简语命令它时，它都能立即照办。

（2）庄重大方。北京犬不会轻易攻击人，不害怕人，见了生人也不畏惧羞怯，神态端庄大方，既不会有欺生的恶意，也不躲躲闪闪、畏缩不前。在接受人们的玩赏时，安静友好。它对食物比较将就，不会挑剔主人给予的食物，也不会撒娇。

饲养北京犬，应经常为它梳理被毛，清除污垢，以促进其血液循环。隔一段时间，要用棉花蘸水为其清洁眼部及脸部其他器官。对北京犬可以给予适当抚爱，但不可过分娇宠，导致其养成不良习惯。

北京犬的寿命较长，在生活条件适宜、正常的情况下，一般可活上十几年。

（3）勇敢顽强。即使遇上了比它大得多的动物，它也毫不示弱，不会畏惧退缩。若遇到其他动物对它进行威胁，它会显示出宁死不屈的坚强性格。它对主人非常忠诚，当主人遭到侵害时，它会激烈反抗，并保护主人。

驯养知识

饲养北京犬，要给予它足够的营养。每天除喂适量的蔬菜、饼干等素食外，还需在上午、下午各喂一次150～250克的瘦畜肉，也可以喂小虾、鱼肉等。犬饲料中最好加点儿奶粉、钙粉和复合维生素研碎的粉末。同时，还应不限量地供应清洁的凉开水。

北京犬需要有一定的活动量，以促进血液循环和新陈代谢。所以，主人上街购物或去公园散步时，最好也能带它出去走动走动。

注意清洁卫生工作，也是养好北京犬的重要一环。每隔5～10天，要为它干洗刷毛一次；至少每个月为它洗一次澡，在夏天，每隔一个星期就应为它洗一次澡。这种狗的毛又长又厚，每天都要为它梳理一次，否则，会缠结成疙瘩。若能在梳理前撒上点梳毛粉或护发素，梳理效果会更好。平时，还应注意不与其他狗混养，不让它和别的狗打架，否则容易撕脱被毛，造成外观上的缺陷。

北京犬比较娇气，抗病和抗恶劣环境的能力不强。炎热的夏天，特别是闷热的天气，它会呼吸困难，甚至中暑患病。夏天不要让它在烈日下活动，必要时应设法为其降温或将其移至通风凉爽处。在天气忽冷忽热时，要及时调节，防止受凉患上感冒。北京犬在高温的环境中生活，容易脱毛，应让它在温度较低的环境中生活。

	选购技巧与健康指标
1	选购时，北京犬的体格要健壮，但不能过胖；行动要灵活敏捷，步态轻快，看上去很有活力
2	头要大而宽，脸要扁而阔；头圆的不是佳品，不宜选购
3	鼻梁短而阔，并略微上翘的为好
4	嘴巴要端正而宽阔，嘴歪露牙、伸舌的不佳
5	眼睛周围有黑色罩毛，并一直延续到耳部的为好
6	肩部和胸部要宽阔，前腿宜短而内曲，后腿要细长而挺直
7	体毛要密而长，并柔顺、整齐、有光泽，不可短而杂乱，更不可有脱毛现象
8	两眼应既大又圆，突出有神，转动灵活；眼珠亮泽，眼球宜黑多白少，眼外不应有眼泪或污垢
9	外耳道洁净无污垢，耳内红润的较为健康
10	肛门周围的毛要干净无污物，若粘有粪渍，或肛门有红肿、溃烂的则为患病的狗狗，不可选购
11	抱在手上时，要能感觉到狗狗精神抖擞，而非软绵绵的一堆
12	食欲旺盛，吠声清脆响亮

蝴蝶犬

- 肩高：雄性肩高为21~26厘米，雌性比雄性略矮1~2厘米。

- 体重：雄性为3~4.5千克，雌性为2.5~3.5千克。

- 头部：头较小，两耳之间的头盖骨略呈圆形，耳廓大且直立，有飘逸饰毛是它最明显的特征。

- 鼻部：额鼻段较深，鼻小而圆，鼻尖略平，鼻色暗褐或黑，门齿为剪状咬合，唇部紧闭而不下垂。

- 吻部：口吻长而尖。

- 体形：前腿细长，胸部较深，肩部略向后方倾斜，腰部略呈拱形，尾部的尾根高且长。

- 被毛：毛长而丰满，无下层绒毛，躯体部分被毛如丝如线，顺滑而富有光泽；胸颈部毛长而松散，很像披着围巾；其头盖上、口吻和前肢的毛较短，但大腿内侧、前肢的后面和尾部的毛则较长，一般有12~15厘米，耳部也有很长的垂毛。据书中记载，在100年前，蝴蝶犬的被毛是纯色的，经长期培育后，现今的被毛已经多种多样，但仍以白色为主，间以其他颜色的斑块。以白底棕斑或杂以棕、黑、灰色斑者为多，以面部斑纹对称者最受人喜爱。

🦴 发展历史

蝴蝶犬又名巴比伦犬、蝶耳犬，因其耳朵上长有一层装饰性的耳毛，样子很像蝴蝶张开的翅膀，故被人们称为"蝴蝶犬"。关于它的来历有几种说法：一些犬学家（特别是法国犬学家）认为，蝴蝶犬是地地道道的法国品种；另有一些犬学家认为，蝴蝶犬起源于意大利，在16世纪时，由意大利波伦亚的贵族赠送给当时的法国国王，后来才成为法国宫廷贵族的宠物，法国贵族专门派人饲养该犬种以保持其血统的纯正。

还有的犬学家认为，蝴蝶犬的祖先是比利时犬的一种，经过变种后传入西班牙，在西班牙大量繁殖起来，是西班牙的猎犬改良培育而成的小型种，所以也叫"西班牙蝴蝶猎"或"矮小的西班牙犬"。但国际犬学联合会则认为它确实起源于法国。蝴蝶犬于1920年左右传入美国，现在已遍及世界各地。

🦴 生活习性

蝴蝶犬性格温和柔顺，胆大而活泼好动，身体强健，精力充沛，特别能适应气候变化。它们对主人热情、温顺，很能听从主人的命令行动，喜欢主人的关心与爱抚，喜好活动和玩耍，反应迅速敏捷。

蝴蝶犬吃苦耐劳，既适于在乡间饲养，也适于在城市的寓所内饲养。它外观优雅、美丽，善于讨人喜欢，既能乖乖地让人抱在怀中玩耍，又能敏捷地捕捉鼠类，被称赞是"文武全能"的小家伙。

🦴 驯养知识

　　饲养蝴蝶犬，必须有充分的空闲时间，因为这种犬是一种十分标致优美的小型长毛犬，需要花时间打理它的被毛，它的长毛得每天用猪鬃毛刷梳理，不过不必像西施犬那样扎起。天气冷时，至少每个月洗一次澡，但炎热的夏天，至少每周洗一次。平时应保持其被毛洁净光润，不能沾上污物，有碍美观。

　　蝴蝶犬每年会自然换一次毛，时间一般在 3～4 月间。蝴蝶犬很爱活动，特别喜欢跟着主人一起外出散步、上街采购或到公园游玩，并总是绕着主人身前身后跑动。应给予它适当的运动量，有助于增进食欲及促进其肠胃消化吸收，增强体质。

　　饲养蝴蝶犬应重视其养分的充足摄入，每天供给 150 克左右的新鲜肉类，除此之外，还应给重量差不多的素食、无糖或低糖的硬饼干以及提供充足的凉开水。

　　若给蝴蝶犬配种繁殖，不可用其近亲，否则会失去其优美的体态及被毛的特征。对此犬的趾甲，要及时修剪，尖锐的趾甲会损伤主人的身体和衣服。蝴蝶犬极爱玩耍嬉戏，最好能同时饲养两只，让其有同伴戏耍，减轻主人的负担。

饲养期间，要经常注意它的精神状态及食欲，发现病症应及时治疗。不要过度宠爱，以免养成任性和不听话的坏习惯，应多加调教，严格训练。

选购技巧与健康指标	
1	要选体质强壮的
2	根据蝴蝶犬应有的外貌和体形特征进行选择，不能选品种有所变异的
3	检查其前额至鼻梁的斑纹条是否对称，对称者比较美观
4	耳朵应大而挺立，并有较长的饰毛，整体外观酷似蝴蝶形状
5	头盖骨要圆、口吻要较长而尖，不要选头盖骨太长和吻部过长过厚的
6	眼睛颜色要深，颜色过浅的可能不是纯种蝴蝶犬
7	身躯过短或四肢过长的，有失蝴蝶犬的美丽姿态
8	毛色以白黑色、白棕色、白灰色和白褐色的为佳，单色毛的不宜选购

腊肠犬

- **肩高**：雄性一般为22～28厘米，雌性一般为20～24厘米。
- **体重**：雄性为7～12千克，雌性为6～11千克。
- **头部**：头部较圆，从头部到鼻尖均匀逐渐缩小。
- **鼻部**：鼻子为黑色。
- **吻部**：口吻长而尖，门齿做钳状或剪状咬合。
- **体形**：颈较长，颈背呈拱形，肌肉丰满；躯干部长，臀部长而丰满，尾根高。
- **被毛**：长毛型犬具丝状长被毛，其颈下、体下侧、耳朵及四肢后缘皆具长丝状毛，尾部毛最长；短毛型犬被毛短而润滑、有光泽；刚毛型犬，其额部、耳上、眉部被毛较长，其他部位被毛皆粗短，眉毛像刷子，颌下有须，耳毛短而光滑，尾部的刚毛较长。
长毛型和刚毛型的被毛颜色不定；短毛型的被毛有黑褐色、赤色、茶褐色。有些德国的品种有花斑。

🦴 发展历史

腊肠犬又名达克斯犬、短腿猎犬、猎獾犬。

关于此犬种的来历有三种说法。

第一种说法认为腊肠犬的祖先是德国产的古老猎犬，17世纪时就已出现。由于这种犬善于捕捉獾，所以称它为猎獾犬。

第二种说法也认为腊肠犬原产于德国，从它的德文名称来看，它的祖先应为达克斯犬或短腿猎犬。

第三种说法认为腊肠犬和原产于法国的巴色特猎犬为同一祖先，它能以敏锐的嗅觉追踪并钻入狭窄的洞中去猎捕獾，因而人们将其培育成如今这般体长腿短的模样。

早在19世纪中期，德国就有了腊肠犬俱乐部，到19世纪后期，俱乐部公布了这个犬种的标准。此后不久，德国又成立了达克斯犬俱乐部（又称为德国短腿猎犬俱乐部）。

19世纪中期，腊肠犬成了英国王妃亚历山德拉心爱的犬种。在20世纪初，人们将其改良为玩具型犬，受到犬迷们的欢迎，成立了小腊肠犬俱乐部。

🦴 生活习性

腊肠犬性格开朗、勇敢、聪慧而活泼，嗅觉灵敏，善掘洞，依恋性强，顽皮好动，常会做出滑稽的举动。能服从主人命令，与主人的家人能很好地相处，但对陌生人警觉性很高，一旦嗅出来人是陌生人，会立即以洪亮的吠声报警。气势轩昂，行动快捷，具有良好的狩猎与看家本领。

腊肠犬虽然腿特别短，但身体一般都很强健，能长途行走，也能承受大运动量。

腊肠犬对主人的性情和举止，有一定的模仿能力，若主人性格温和而庄重、以诚待人，它也会表现出同样的态度；反之，若主人脾气暴躁、待人刻薄，它也会以同样的态度对待来客，这一点很值得饲养者注意。

驯养知识

在饲料的供给上，每天要按犬体形的大小喂肉类150～300克和等量的干犬饲料。肉类应加水煮熟、切碎，并加少许开水与干犬饲料混合拌匀后再喂饲。要在规定时间和规定地点喂饲，并限定在15～25分钟内吃完，不能拖延时间，以养成良好的生活习惯。饲料必须清洁、新鲜，食盆等餐具应经常洗刷，并供给干净的饮水。

腊肠犬容易发胖，引起各器官的疾病，所以必须保证它有一定的活动量。每天都应让它走动和奔跑。身上如沾上污泥和尘埃，就要用毛巾或湿布为它拭去，以保持被毛的清洁和柔顺。

对长毛型的腊肠犬，更应重视刷毛工作。首先，用刷子沿耳下方梳刷，使饰毛更加柔阔美观；其次，梳理前趾的前方以及后缘的饰毛；最后，从肩部开始，自上而下地梳理至身体的下方；后肢关节以下的毛也可适当梳理一下，使其不缠结。趾间的毛可给予适当修剪，使其步行不受累赘。尾毛要从尾根向下梳理到尾尖，除去沾在毛上的污垢。

对刚毛型的腊肠犬，也应为它梳理粗毛，不要因其毛粗短而忽略，否则也会积污生病。

除梳毛工作外，还应经常用浓度为2%的硼酸水为它洗眼垢（用脱脂消毒棉）、耳垢，定期去除齿垢，并定期修剪趾甲。

平时要训练它不乱吠乱叫，养成不撕咬罩衣、定点排便等好习惯。

选购技巧与健康指标	
1	要事先参阅腊肠犬的有关资料，了解腊肠犬的外形特征及性格特点，初步掌握选购腊肠犬的标准和要求
2	腊肠犬应有体长腿短、胸宽而低位的身材
3	背部要平直而不成拱曲下坠，腹部既不因过胖而下坠，也不因瘦弱而干瘪
4	头圆嘴长、鼻端修长而多筋肉，前肢稍短而坚实，后腿适度后屈
5	鼻端修平，牙齿剪状咬合紧密；眼睛椭圆而富于眼神变化，不呆滞
6	尾宜长而逐渐尖细，尾梢卷曲，与背部成水平
7	颈部须略长而多肌肉，呈弧线型，喉部不应有垂皮
8	前胸部分突出而宽阔，体呈长方形而低矮，但行动轻快敏捷
9	毛色为白色或前胸有小白斑的不佳，不能参展，价值较低，不易选购

西施犬

- **肩高**：一般为23～30厘米，最高不超过38厘米。
- **体重**：一般为4千克左右，也有7千克的。
- **头部**：与北京犬的不同之处在于它的头更圆，头部的长毛更多更密，披垂下来，几乎把眼睛和鼻子全都遮盖住了。
- **鼻部**：鼻孔宽大、张开、色深。
- **吻部**：嘴吻呈方形，短而突起，唇部丰厚。
- **体形**：躯干长度略长于肩高，胸部较宽，颈长，背水平，臀部平坦略高起，尾位稍高，尾毛浓厚，下披成束。
- **被毛**：被毛有灰色、米黄色、褐黄色、白色、咖啡色及黄白色、灰白花斑等多种颜色。

🦴 发展历史

西施犬又称狮子犬、中国狮子犬。原产于我国西藏，是拉萨狮子犬和北京狮子犬杂交的产物，据说是 17 世纪中期，由西藏的达赖喇嘛献给清朝皇帝后开始繁衍的。原来由清朝宫廷专养，是清朝皇室的宠物，慈禧太后死后，这种犬被引入英国，然后又由英国传入其他欧洲国家。

当时在英国，这种犬很快繁衍开来，在上流社会风行一时，据说1935年，英国还成立了西施犬俱乐部。由于澳大利亚是英联邦成员国家，该犬种很快又传入澳大利亚。之后又被引入美国，并在美国的养犬俱乐部中得到推广。

由于西施犬长相像狮子，威武活泼，而性情却很和善，长长的被毛美丽可爱，得到英国养犬者的赏识，所以有人用中国古代美女西施的名字作为这种犬的爱称，以表达对它优美动人体态的称颂。

🦴 生活习性

人们喂养西施犬，大都是作为生活伴侣和家庭宠物，因为西施犬具有文静、机灵、温和、欢快而多情的性格。它不易和其他犬相处，但对主人很热情，善于和儿童及家庭中其他宠物亲密相处，家庭中饲养的鸟类、金鱼、猫等，它都不会去侵害。对主人以外所能接触到的人，它都能表现得友好亲善，这是它能得到广大喂养者喜爱的重要原因。

🦴 驯养知识

要西施犬长得壮健活泼，一定要给予充足的营养，每天除喂一些蔬菜、饼干等素食外，还应喂一定的肉类荤食，肉类喂食量为每天150～200克。

为使西施犬血脉通畅，新陈代谢旺盛，就要让它有一定的活动量，应每天带它出去散散步，或带它到野外、公园奔跑嬉戏。

西施犬外表的美观，主要表现在密茂飘逸的长毛上。为保持它的长毛蓬松光润，需要每隔1～2天为它顺着毛向梳理一次。梳理前，最好喷点护发液或爽毛粉，使其被毛蓬松光润而不致结成团、块。

在春、夏、秋季，要视气温的高低，合理安排它洗澡。若天气较凉，可每隔2～3星期为它洗一次澡；若天气较暖，则应每个星期为它洗一次澡；炎热的夏季，则要每隔3～5天洗一次澡。洗澡前，可用脱脂药棉把它的耳孔塞住，以防止水流入耳道而引起耳炎等疾病。

入浴前，先要把它的下层毛梳理一下，免得长毛被水湿透后发生板结。除洗澡外，每天都要用脱脂棉蘸上温开水擦拭其眼、鼻及口吻部，保持面部的清洁。由于西施犬眼睛暴露在外的面积较大，容易受到细菌感染，出现红肿发炎等问题，因而还需每隔1~2天用眼药水滴眼一次，作为预防。

细心的喂养者很注意保护西施犬身上的被毛，他们用橡皮筋把它身上各部分的毛一小束一小束地扎起来，待到洗澡时才解开，这是为防止犬身上的长毛折断和打结，并防止染上污垢。特别是它脸部各处的毛，如额头上的、耳部的、颜面两边的毛，扎起来可防止进食时沾上污垢，也可避免长毛遮住眼睛。

	选购技巧与健康指标
1	头要圆而宽阔
2	胸部要宽而深
3	眼睛要大而圆且不突出，眼珠要黑
4	吻部要短，色素均匀，唇丰满
5	鼻要宽大，鼻色要黑润
6	耳朵要大而多毛，毛下披
7	腿要粗壮而强劲，脚底肉垫要厚软、脚趾要圆厚
8	脊背要平直
9	全身的被毛要细密而长，毛色最好是白色、黑色或金色，尾毛最好要能上卷到背上
10	犬体要健壮，神气十足，动作活泼灵敏

中国冠毛犬

肩高：一般为25～35厘米。

体重：一般为5～6千克。

头部：头骨较薄，两眼距离较宽，眼珠呈黄色或栗色，眼圈略带红褐色；耳朵较大常竖立。

鼻部：鼻孔宽大、张开、色深。

吻部：口吻呈锥形。

体形：较健壮，颈部较细，头高昂，背平直，尾巴较细；前腿长而直，后腿长于前腿，掌节笔直，脚趾稍长。

被毛：头部及双耳有稀疏的冠毛，尾部有羽状饰毛；脚部、趾部、前腿、后腿有稀疏袜状毛。毛质皆柔软，短的绒毛外有不明显的长而细的针毛，毛的长度和密度适中。皮肤光滑柔软，为粉红色或粉黄色，有不明显的斑点分布，有的部位斑点密集成块，呈浅灰色或浅褐色，具有美感。被毛多为浅灰黄色、黄色、白色或多种颜色混合。

🦴 发展历史

中国冠毛犬，又有中国无毛犬、半毛犬、中国裸体犬、中国皇家裸犬、中国船犬等名称，其来源说法不一。

有的犬学家认为此犬源于美洲的墨西哥，与墨西哥的无毛犬有密切关系。但墨西哥研究犬类的学者却认为：美洲的无毛犬来自中国，而且比较具体地指出了其由中国传入美洲的时间是1580～1600年。

有的犬学家认为它源于非洲，由非洲裸犬演化而来。

也有的犬学家认为它来自土耳其，是由土耳其的无毛犬演化而来。

还有的犬学家认为中国冠毛犬是几个世纪以前，中国的航海家和水手们带来的，在沿途停靠各港口码头时，他们将此犬与港口商人们进行交易，此犬种因而在各地传播开来，至今世界各个古老的港口城市还有这种犬生活。

中国冠毛犬现在数量已经不多，但在英国和美国还有不少在繁衍着，而且很受当地养犬协会和养犬俱乐部的欢迎。

🦴 生活习性

中国冠毛犬性格开朗、活泼、机智、勇敢、警惕性高，既不咬人，也不吵闹。它体形小，温柔且爱清洁，无体臭，体形美观，亲切可爱，能表演，观赏性强。它身上虽然毛不多，但对气候的冷热有较强的适应能力。据研究，这种犬中枢神经调节体温的能力较强，其体温比人要高2℃左右，进食后体温也会上升一些。

中国冠毛犬有两种类型：一种为粉扑型，全身被毛；另一种是裸型，只有头部和脚有毛，其他部分皮肤裸露无毛，显现出光滑柔软的皮肤。这种犬的繁殖有个特点：幼犬出生时，每一窝中都有1只或2只被毛蓬松的粉扑型冠毛犬，其余的都是裸型犬。

中国冠毛犬还有一个与众不同的生理特性，一般的犬类都需要张着嘴、伸出舌来散热，但中国冠毛犬的皮肤与汗腺相通，可从皮肤直接排汗。所以，饲养者应经常为它洗澡，并为它抹上些婴儿用的护肤油，使其皮肤保持光滑。

由于中国冠毛犬的皮肤裸露无毛，需特别注意对其皮肤的保护：一是平时注意防止锐器碰撞和高温烫伤，二是不让它长时间受阳光的直射。

中国冠毛犬的前爪特别灵活，能像人手那样抓取物件。尤其是当它把两只前爪抱在一起时，简直和人两手抱在一起的姿势差不多。此外，它的皮肤颜色，可随着季节转换而改变：夏季时，它的皮色浅淡，随着天气逐渐转冷，它的皮色会逐渐加深至暗灰色，但到来年开春以后，随着气温逐渐转暖，又会逐渐变淡成浅灰黄色。

🦴 驯养知识

饲养中国冠毛犬，首先要让它养成定时进食的良好习惯，一般在供食后不论其是否吃完，都应在10~20分钟后将饲具取走。冠毛犬很贪食，故给食一定要定量，不能任它过量进食。食物质量要求较高，荤食每天都不能缺少。每天要喂食新鲜的

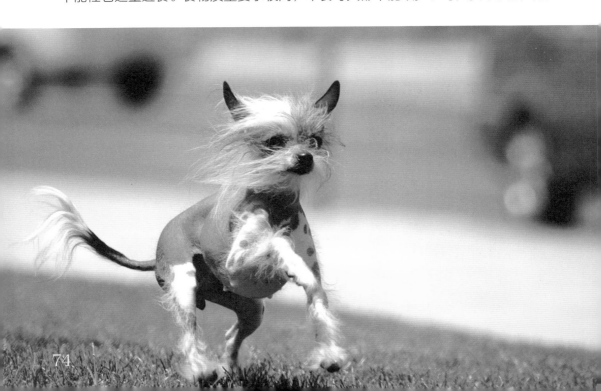

鸡肉、猪肉、鱼肉、牛肉等200~250克。喂前要将肉类切碎，并煮熟。

除肉类荤食外，还应给些蔬菜（用开水烫一下）或饼干。要特别注意的是，冠毛犬没有前臼齿，千万不可给它啃骨头。

冠毛犬不需要过大的运动量，只需让其在室内走动或小跳、散步就够了。中国冠毛犬还喜欢玩玩具，可给它些玩具玩，但不能给它玩尖锐或有角的玩具，以防其皮肤被戳破或碰伤。

可能是由于其体表无毛的缘故，冠毛犬对羊毛容易产生过敏反应，喂养者与它接近时最好不要穿羊毛衣裤。

主人每天应注意观察狗狗的健康状况，留意其食欲是否有变、精神状态是否正常、大便的干稀及鼻垫的干湿程度，若发现有不正常的情况，如出现发热等病象，应及时采取治疗措施，以防疏忽小病导致大病。

选购技巧与健康指标	
1	在选购时，要特别注意是否为纯种，因为不纯的冠毛犬，它的性格特征可能会完全改变，若变成了性格不和善甚至会咬人的狗，那就会出问题，而且饲养者也不知该怎样去饲养它
2	要注意狗狗的外形是否和该犬种的特征相符，狗狗的肩高和体重是否在标准范围以内，过高、过矮、过重、过轻都不是好的冠毛犬
3	狗狗的头部、双朵、口鼻要端正，在身体裸露的无毛部分，应该是粉色的皮肤，而且上面应有一些斑点和斑块，要注意观察裸露部分的皮肤是否光滑柔软，有无皮炎和伤疤
4	要特别注意狗狗的健康状况，如行动是否活泼灵敏，精神是否饱满，双眼是否炯炯有神，若发现形神疲倦、懒洋洋等现象，即使没有病，也不是理想的良犬

日本狮子犬

⊟ **肩高:** 一般为20~25厘米。

🔺 **体重:** 个体大小不一, 小的只有1.8千克, 大的可达4千克, 个体较小的更为
珍贵。

🐾 **头部:** 头部宽大而圆, 额深阔, 眼睛大而圆, 耳朵细小, 有较长的饰毛覆盖。

👃 **鼻部:** 鼻极短, 鼻端宽, 鼻孔张开, 鼻色与斑色相同。

👅 **吻部:** 口吻短而吻端较阔。

🐕 **体形:** 颈短而粗, 躯体呈方形, 胸部宽阔, 肌肉丰满, 腹部略上收。尾较长,
有丰富的饰毛。

🐾 **被毛:** 日本狮子犬的被毛有白色的、黑色的, 黑白斑的、红白斑的, 还有红色、
柠檬色、黄色或橙红斑纹的, 其
毛色越鲜艳、越纯净越好,
而白色的最好是纯白的。
其斑纹一般分布在躯
干、颊部、耳部
和头部。

🦴 发展历史

日本狮子犬又名日本独、日本猓、日本青、日本跳狗，是一种古老的玩赏品种。

关于日本狮子犬的来历，一直有两种不同的说法。

一种说法认为，几百年前，中国皇帝曾将一对这种狗赠送给日本天皇，受到日本天皇的宠爱，还曾下令要日本国内的人都要尊重这种狗。当时贵族们饲养此狗的较多，并常作为贵重礼物赠送给外交官和对日本有重要贡献的外国人，因而由此传往世界各国。

西方犬学家有另一种说法，他们认为日本狮子犬是西班牙血统的小型犬，与马尔济斯犬是同一类型，是古罗马和希腊的商人到中国做丝绸交易时带到中国的。后来，它被中国宫廷视为宠物，并加以扩大繁殖，再输入日本。从此以后，又与日本的犬杂交，成为现在这种日本狮子犬。

另有资料记载说，此犬17世纪由英国船舰从日本带到英国，并于19世纪时成为英国维多利亚女王宠爱的名犬，因而提高了此犬种的知名度，民间饲养的人也越来越多。

后来，此犬在英国被训练成为表演犬，接着美国也把这种犬驯养成了表演犬。

🦴 生活习性

日本狮子犬性格活泼、聪明伶俐，举止既优雅又有几分高傲，看人时常常歪头斜视，显得神气十足，乖巧而调皮，具有贵族的高雅风度。

此犬喜欢散步、奔跑和爬高。它身材与姿态优美，行走时趾尖点地。

此犬聪明而乖巧，能通过训练学会各种动作，可培养成优良的表演犬，也可作为放在膝上玩耍的陪伴犬。

日本狮子犬还有一定的优越感和自尊心，喜欢成为人们注目的焦点，愿意被人宠爱与夸奖。当它向主人撒娇时，最怕主人拒绝或不理它。

🦴 驯养知识

每天需喂食碎牛肉150～250克。若无牛肉，可用其他肉类（精瘦的）200克左右代替。再加相同重量的干犬饲料或饼干。日本狮子犬喜欢啃肉骨头，可适当喂些煮熟的肉骨头，这样可增进其食欲。

喂食量要适当掌握，切不可过多，也不能喂食很甜的饼干和蛋糕，否则容易导致发胖，长得过大而笨拙，从而失去其活泼灵敏的优点。因为这种犬的可爱之处，就是小巧玲珑，它们是以小取胜的。

每天要为日本狮子犬安排适当的运动，以促进食物的消化、机体的发育和肌肉的强健。日本狮子犬很喜欢陪主人外出散步、奔跑跳跃或登山攀崖等，要注意它的安全，防止跌伤。

日本狮子犬的被毛像丝一样柔软而丰盛，很容易紊乱和缠结成团。加上它喜欢奔跑和攀爬，被毛很容易沾上污泥和尘土，所以每天都要为它梳理和刷除尘污。在梳刷之前应先撒上些滑石粉，然后再用毛刷梳刷全身被毛。

炎夏时节，应每隔1~2天为它洗一次澡；天凉时可每隔10~15天洗一次。洗后要立即用电吹风将毛吹干，以防止其受凉感冒。每隔3~5天还应用稀硼酸水替它清洗眼睛；每隔几天要洗一次耳朵，除洗耳壳外，也应除去耳内耳垢，以防污垢积聚，导致发炎。日本狮子犬的鼻道很短，在炎热的夏天不应让它做强度较大的运动或在炎日直射时出去散步，因为气温高时，它容易出现呼吸困难的症状，所以夏天应在早晨或傍晚凉爽时进行外出散步等活动。

在夏季，饮食卫生要特别重视，饲料中的肉类要求新鲜不腐，食具要常洗保持洁净，天热时切不可忘记足量供给清洁的饮水。平时要留心观察它的食欲是否减退，粪便是否成形，鼻垫的干湿是否正常，精神状态是否良好，若发现问题要及时采取措施，必要时应请兽医治疗。

	选购技巧与健康指标
1	在选购日本狮子犬时，不要与北京犬混淆。这两种狗有不少相似之处，如两者的脸部都较扁平，鼻子都不尖，尾部的毛都很丰盛。但日本狮子犬与北京犬相比，背部要长些，腿较细长，口鼻部较短，眼睛较突出，耳朵呈"V"字形，体态也较轻巧
2	要检查拟购狗狗的各部分是否符合日本狮子犬应有的形态特征，最好要求各方面基本相符
3	拟购的狗狗一定要身体健壮，精神饱满，没有病态，特别要观察眼睛，眼睛大而明亮，炯炯有神，一般是健壮的狗狗
4	日本狮子犬的毛色很重要，若毛的颜色和鼻的颜色相配，则尤佳；它的毛质也很重要，应选择毛呈丝状披垂且不卷曲的
5	躯体过长，尾巴不上翘，被毛呈波浪式卷毛，身上斑纹不均匀的，不是良犬
6	眼睛色淡、口吻太尖细、鼻子太长、闭口时舌头伸出、身体不呈方形的，也不是佳品
7	有胸部狭窄，上颌或下颌向前伸出，趾短而圆等这些不符合这种狗狗标准形态的，都不宜选购

马尔济斯犬

🦵 **肩高**：成年雄性肩高一般为21～26厘米，成年雌性比雄性略矮1～2厘米。

⛰ **体重**：一般为2～4千克。

🐾 **头部**：颅顶略呈圆形，大小适中，额较宽广。

👄 **鼻部**：鼻呈黑色、小巧，由侧面看，鼻尖略翘起。

🔖 **吻部**：唇部披盖长须，上下门齿剪合式咬合。

🐕 **体形**：尾位高，呈拱形，有大量饰毛。前肢短而直，后肢强健丰满，脚垫发达。

🐦 **被毛**：全身被毛，毛长可达20多厘米，丝状但不卷曲，富有光泽，只有一层，无底毛。背部长毛常向身体两侧分披，体侧的长毛可拖及地面；后腿后面有羽状饰毛；后腿飞节上披覆着丰富的长毛；尾部也有长而光泽的畅润长毛。马尔济斯犬的被毛为纯色，但有些犬在耳部有淡褐色或柠檬色的色斑，有色斑的为稍差的品种，纯白色且毛质光滑的最为珍贵。

🦴 发展历史

马尔济斯犬又名马尔他犬、马尔他岛㹴、摩天使、美丽达犬。原产于马尔他岛，是欧洲最古老的玩赏犬之一，被归为丝毛犬类。

对马尔济斯犬的历史，犬学家们据历史资料认为：在2000～3000年前，马尔他岛的居民就已饲养这种马尔济斯犬了。古希腊和古罗马的女人们也都喜欢饲养这种犬。英国亨利八世时，马尔济斯犬就已经在英国普遍饲养。

很多出土的古陶器和壁画上都绘有马尔济斯犬的形象，可见此犬的历史已经很悠久了。古埃及的出土文物中也曾有关于马尔济斯犬的记载，但在古代，它的名称是"美丽达犬"。

当时的贵族和宫廷的皇族都喜欢饲养马尔济斯犬，在宴会上，除了用黄金制成的盛酒器显示其豪华气派之外，还要在手中抱着华贵的马尔济斯犬，以显示贵族的排场。

19世纪末期，它已成为英国宫廷贵妇们心爱的宠物，并传入美国。不久，美国就让马尔济斯犬参加展出，接着又在美国养犬俱乐部登记，列为正式承认的犬种。

20世纪初，随着东西方商业活动的开展，马尔济斯犬又先后传入日本、中国和菲律宾等国。由于马尔济斯犬有着一身绢丝般光泽的美丽直毛，很受主人宠爱，饲养的人也日益增多。

🦴 生活习性

马尔济斯犬生性活泼、好动，动作灵敏而温柔，对主人很忠诚，对其他人也很温和。由于它很富感情，加上体态轻盈、美观，性情温顺，吠声也很悦耳，所以一直受女性和儿童喜爱，常被人们抱在怀里或放在膝上玩赏逗乐。

马尔济斯犬虽然温柔，但对周围的动静很敏感，警惕性很高，所以除作玩赏外，也可作为理想的看家犬。

🦴 驯养知识

马尔济斯犬的饲料中，每天都需有肉类。体形较小的狗狗需要180克左右，较大的需要200～250克。肉类应加少量水煮熟，然后切成小块，再加入等量的干犬饲料，也可以加不含或少含糖的饼干，用水拌调均匀，分成早晚两次喂饲，并给充足的清洁饮用水。

饲养这种狗狗的主人最好是空闲时间较多，因为它需要有较多的时间照料，例如洗澡、梳理被毛、修剪脚爪、清除污物等。

在喂饲食物时，要掌握好分量，若供给的食物过量，会导致它发胖，变得呆笨而失去活泼、灵活的优点。在生活中，不能让其养成骄气十足的样子，不能任其过分放纵，否则，就会养成不听主人命令的坏习惯。

马尔济斯犬是比较爱动的，因而每天都应保证一定的活动量，比如带它上街或到公园散步，这样可以促进它的消化和吸收能力，保持正常的食欲。

马尔济斯犬是全身被毛纤长的美犬，要让它的被毛保持干净柔顺，就要经常为它进行梳理。由于它浑身都是长毛，所以要做全身梳理，方法：在梳理前，先喷上护发素或洗毛剂，然后用梳子或软毛刷，由上到下顺次梳刷。只要每天都进行梳刷，就能保持它的被毛光洁柔顺，不结不乱，清洁干净，飘逸美观。

除了上述的干洗之外，还要定期替它湿洗。每次湿洗之后，要先用干毛巾吸尽被毛中的水分，再用电吹风边吹边梳理。至于多长时间湿洗一次，要视季节和气温而定，原则上天气凉时，间隔可长一些，一般5～7天；天气热时，间隔要短一些，隔3~5天就要湿洗一次。

狗狗的脚爪需要定期修剪，否则会抓伤人的皮肉或损坏人的衣物。

在气温较高的季节，除了要多为狗狗洗澡外，还要多注意狗狗耳部的清洁，在洗澡前，要先用消毒脱脂棉湿润后清除耳道和耳周边的污垢，但要注意棉球不可带水，防止有水留在耳内。在每次洗澡前，都要先用棉球将狗狗的耳道塞住，避免有水进入，因为这种狗狗很容易患上耳炎。

平时要经常注意观察狗狗的精神状态，若精神不佳就可能生病。注意观察狗狗的鼻垫是否有干燥发热现象；大便有无异常现象；食欲是否有所减退，若食欲不好，就很可能患了消化系统的疾病。一旦发现有上述不正常的情况，要及时找出原因，并采取针对性的措施给予治疗；若病情较重，就应及早请兽医诊治。

选购技巧与健康指标	
1	在购买之前，要先阅读有关这种狗狗的资料，对这种狗狗的性格特性和外形特征有一定的了解，这样在选购时就有标准逐项考察，若考察对象基本上符合标准和要求，就是理想的品种，若差距过大或有畸形，则不宜购买
2	看狗狗的体高、体重是否在标准范围之内，过大或过小都不宜购买
3	察看狗狗的被毛是否长而直，毛质是否像丝一样柔顺而富有光泽，若毛过短、过粗、杂乱、弯曲或过于稀薄，则属有缺陷的品种
4	眼睛应大而圆并且视物有神；眼及眼周应为黑色或深棕色；眼及眼周颜色过浅则不宜选购
5	犬鼻是否光润而黝黑；耳朵是否长而紧贴在头的两侧，并有长饰毛
6	头部是否有长毛，唇边是否有较长胡须，门齿是否剪刀式咬合
7	前肢短而直，后肢短而壮实，趾圆而多毛且呈黑色，腿部被有大量长毛
8	身体短而匀称结实，背和腰平而直，不可购买身躯长而腰部下弯的劣种
9	鼻色过浅、眼缘色红、被毛卷曲的，不宜购买
10	眼周有眼屎、肛门周边有污渍、胡乱吠叫、垂头丧气、缺乏食欲、尾毛散乱的，一般为患病的狗狗

约克夏犬

- **肩高**：一般为20～30厘米。
- **体重**：一般为2～3千克，以2～2.5千克的最为玲珑可爱，娇小温顺。
- **头部**：头部小，头盖小而平，颅部不凸出而略呈圆形，头部有较长的垂毛。
- **鼻部**：鼻色黑。
- **吻部**：口吻短、嘴尖细。
- **体形**：身体结实端庄，脊背短而平直，胸部深度适中，腰部肌肉丰满，尾根略高于背部，头高昂。整体匀称结实。
- **被毛**：被毛细润而有光泽，长垂如丝，直至地面。幼犬时期，被毛为短黑色或黄褐色，3～4个月后，逐渐变成浅色。头部及四肢的被毛先转为泥土色，后又变成暗蓝色。被毛从毛根至毛尖，颜色逐渐由深变浅，更增添了这种犬的美观。

🦴 发展历史

约克夏犬又名约克郡㹴、约瑟犬、约瑟秦利犬、约克州㹴。它是当今世界上饲养最广泛的超小型犬之一。

约克夏犬因其产于英国东北部的约克郡而得名，是在100多年前由人工繁殖成功的新品种。19世纪，英国约克郡有不少纺织厂和矿井，从苏格兰到这里来打工的人，为对付厂房和矿井中横行的老鼠，用他们带来的狗与当地的狗杂交，而培育出了约克夏犬。所以这种犬是由曼彻斯特㹴、史凯特利犬、苏格兰㹴、马尔济斯犬、黑棕㹴、丹迪丁蒙㹴等犬杂交而成的后代。

约克夏犬继承了马尔济斯犬的优良毛质，其被毛长而柔软如丝，光润亮丽。1892年该犬种被引入美国，由于受到广大饲养者的普遍喜爱，至20世纪，已遍及全世界。

🦴 生活习性

约克夏犬性情温顺，性格活泼，动作敏捷而轻快。对主人热情而忠诚，表现极为友好；而对陌生人却不大信任，一见到不认识的人就大声吠叫，所以可作为看门犬饲养。

约克夏犬的魅力不只在于它有娇小玲珑的体态和光泽的毛色，还在于它那一双最富于感情的眼睛。它的眼睛就像是会说话似的，引人对它产生好感。

约克夏犬适合有充裕时间的主人饲养，它需要每天梳刷清理长而美丽的被毛。为了不让它头上的长毛遮住眼睛和吃食时垂进食槽而妨碍进食，饲养者需要将下披在面部的长毛用橡皮筋扎起。

在寒冷季节，饲养者需为它保暖，它虽有较长的被毛，却很不耐寒。在喂饲中，不要给予甜食，例如甜饼干之类，否则会损害它的牙齿。

约克夏犬寿命较长，若注意卫生，饲养得当，寿命可超过十年。

🦴 驯养知识

　　在约克夏犬的饲养中，首先应保证给予充足的营养。约克夏犬是以肉食为主的，每天需供肉200～250克，加适量含糖少的素食。1岁以上的成犬，每日喂1次，幼犬每日酌情喂2～4次。

　　约克夏犬的运动量不宜过大，平时在家里来回走动就可以了。若主人需要带着它外出，可找只小提篮，里面垫上泡沫塑料或布垫，让它坐在里面。经常骑自行车外出者，也可将它放在自行车前面的铁丝篓内，不过这要从小训练，让它养成习惯。

　　约克夏犬的卫生清洁工作很重要，应定期为它洗刷牙齿、眼睛周围、耳朵外及浅表耳道。每天都要为它梳理和干洗被毛，干洗前可撒爽身粉类助洁剂。这不仅能除去毛上的灰尘和污垢，使被毛清爽松散、有光泽，还能促进血液循环，使细胞的新陈代谢旺盛，让被毛更美观亮丽。

　　约克夏犬额上的长毛向下垂披，容易把眼睛遮住，主人可把额上的毛分开，在两旁各扎一个小辫儿，以免挡住它的视线。后脚趾下过长的毛，可以剪去一些，免得结在一起，妨碍行走，但前趾上的毛不可修剪。嘴周边的毛也不能修剪，如果剪去就难以再长出来，从而有碍美观。身体其他部分的长毛，若嫌长得过长，可请专业人员来修剪，不可自己动手乱剪。

不要给约克夏幼犬吃零食，更不能给它咬硬的食物，以保护其牙齿。由于约克夏犬爱吠叫，所以在幼犬时，就要训练它养成不乱吠的习惯。还要注意一点，约克夏犬活泼好动，常会突然冲出门外，扑到客人的怀里，要注意不要让它抓伤客人。

最后，除在日常饲养中要关注它的清洁卫生和饮食卫生以外，还应留意它的行动是否保持活跃，精神状态是否正常，食欲有无减退，大便干稀程度有无异常，鼻垫的干湿程度有无明显改变等，一旦发现其状态不佳，就应及早就医。

选购技巧与健康指标	
1	精神状态是否良好，眼睛是否有神而转动灵活；行动是否轻松敏捷；行走时身姿是否平衡、稳健
2	对人是否表现得亲切和善
3	外形和体态是否与约克夏犬的特征相符，不要被其他品种混淆
4	被毛是否细润如丝，长及地面；被毛是否直而不曲、不呈波纹状；被毛是否丰厚，是否有打结、互缠现象
5	躯体毛色为暗蓝色、四肢及头部毛色为褐色的较佳，而黑色、铜色、茶色的较次
6	眼睛及眼眶黑色或深褐色的为佳，淡者非佳种
7	背部平直而不弯曲，门齿咬合平整不歪，耳朵较小而成三角形的为佳品
8	吠声以清脆、洪亮而不哑者为好
9	最好是纯种双亲所生的幼犬

查理王犬

- **肩高：** 一般为25～34厘米，雄性一般比雌性高2～4厘米。
- **体重：** 体重差距很大，最小的只有3千克，而最大的能达到9千克。
- **头部：** 头部短而阔，两眼之间较平坦而无皱纹。
- **鼻部：** 鼻头黑色。
- **吻部：** 嘴宽而深，上唇盖住下唇。
- **体形：** 前肢较直，中等粗细、后腿健壮，膝关节处略有弯曲。脚小，脚垫较厚，趾拱起。
- **被毛：** 通常被毛为黑色或棕色。有一种被称作"红宝石犬"的，被毛为栗红色，并有与之颜色相近的红色斑纹。有一种被称作"王子犬"的，被毛有3种颜色：棕色，褐色，白底黑斑纹或棕色斑纹。还有一种被称作"布伦亨犬"的，被毛为白底夹红色斑纹。

🦴 发展历史

查理王犬又称骑士犬、骑士查理王犬、查理王猎鹬犬、查理王獚、查理小猎犬、英国骑士狮子犬、格费利亚獚、英国玩具跳狗等。

查理王犬源于英国。17世纪时，西班牙的小型猎鹬犬被引进英国，英国国王查理二世对它特别喜爱，以后就以自己的名字命名此犬为"查理王犬"。

在16～18世纪时，法国、荷兰、意大利等国的王室贵族们也十分喜欢查理王犬。据说，英国玛丽皇后在临死前还在袍中藏着一只查理王犬。

20世纪时，就有查理王犬俱乐部成立，20世纪中期，养犬俱乐部正式承认了这个犬种。

欧洲有些犬学家就英国狮子犬和查理王犬外貌相似这一点进行了研究，认为这两种犬可能有共同的祖先，但仍可分辨出它们之间的区别，最显著的区别在于查理王犬的体形比英国狮子犬大。

🦴 生活习性

查理王犬性情温顺，嗅觉非常灵敏，可用于狩猎。它聪明伶俐，具有善良而悠闲的高贵气质，因此，也适宜作为玩赏犬。它体形小巧可爱，能和家庭中不同年龄的成员和睦相处，与其他宠物也能友善相处，常被当做理想的家庭陪伴犬饲养。

查理王犬举止沉着，体态优美而雅致，它具有卷曲而美丽的尾巴，敏捷轻盈的步态，行走时就像步伐优雅的赛马，这是此犬的典型特征。

查理王犬好奇而顽皮的性格，灵活的身体和布满皱纹的额头，都具有很大魅力，是英国玩赏犬中最温柔、最能讨人喜爱的犬种之一。

🦴 驯养知识

在查理王犬的饲料中，每天都要有适量的肉类，根据狗狗体形的大小，应喂120～250克，另加同样数量的干犬饲料或饼干。先将肉煮熟，切碎后加水与干犬饲料或饼干拌和后喂饲。

饼干最好是无糖的，过甜的食物对狗狗牙齿有损坏作用。

除饲料外，每天应充分供应干净饮用水。对盛饲料和饮水的槽、盆，要经常清洗和消毒。尤其是在夏天，要特别注意饲料的新鲜以及饮水、餐具的清洁卫生，以防止狗狗因食用不洁的食物而感染患病。

查理王犬生性聪明容易学会做各种动作，平时可多加训练，教会它为主人叼送鞋子和报纸等。这种狗很爱活动，每天应有意识地给它一定的运动量，特别是主人外出购物或访友时，可带它出去走动走动。

饲养查理王犬，要保持它被毛的清洁和美观，每天都要用毛刷或梳子为它梳刷被毛。因为毛上如有污物和尘土黏附，既破坏美观，又不卫生。

在梳毛的同时，对狗狗五官周围过长的毛，要作适当修剪；要经常清刷狗狗的牙齿，除去牙垢。隔一段时间，还应为它修剪脚上的趾甲。

在天气炎热的季节，每隔3~5天应给它洗一次澡，在洗澡后还应用电吹风为它吹干。平时带它外出散步时若遇到阵雨打湿被毛，回家后也要立即用毛巾为它吸去水分，否则容易感冒或患其他病。

在其他凉爽的季节，至少每隔3~4个星期给它洗一次澡，在为它洗澡时，还可顺便用淡生理盐水为它洗眼睛，防止眼病。这种狗适宜在室内饲养，所以犬舍要经常打扫，注意保持清洁卫生。

	选购技巧与健康指标
1	先要依照这种狗的外形特征，与待选购的狗进行对照，如基本符合这种狗的特征，可考虑选购
2	头部略呈圆形；眼大但不突出，眼珠呈暗色
3	鼻较短，鼻尖向上；耳朵长而下垂，有较长的饰毛
4	躯干短而结实，胸部比较宽阔
5	被毛较长，略呈波浪状，毛的丰厚程度要适中
6	尾部被人工剪尾后，剩余的部分要有旗状的美丽饰毛
7	眼睛颜色太浅的不佳
8	耳朵太小，耳部的饰毛过少，则不美观，不宜选购
9	胸部或其他部分的毛色有白斑的不是佳品，不宜选购
10	眼睛视物无神，步态沉重，行动不灵敏活泼的非健康犬，也不宜选购

布鲁塞尔格里丰犬

- 肩高：一般为22 ~ 26厘米。
- 体重：一般为3 ~ 5千克。
- 头部：头盖大而圆，头前部呈圆盖状，有点儿像猫头。
- 鼻部：鼻部短，呈黑色，鼻孔大，略上翘。
- 吻部：口唇为黑色，不下垂，下颌略前出向上弯曲。
- 体形：尾根高，常被断去半截，前胸深而宽，肋骨扩张，脊背较为短胖。
- 被毛：粗毛型犬的被毛有红色带点儿褐色的，也有红色与黑色相间带点儿褐色的，面部有黑胡须，颌部以下、肩上、耳缘、脚部、尾下等处有带红黑斑纹的，也有全黑色的。短毛型犬的被毛也具有以上各种颜色，只是短毛型犬的被毛短而细。

🦴 发展历史

布鲁塞尔格里丰犬，又名布鲁塞尔猴脸犬、格里芬犬。

原产于比利时的布鲁塞尔。据资料记载，在15世纪的名画中，就有人怀抱此犬的画面。

另有资料认为，这种狗是17世纪时，由比利时土犬与巴吉度犬、格林风犬、德国短毛土犬、八哥犬以及查理王猎犬所繁殖出来的新品种。

但是，从脸型看，它很像猴面犬，也像中国的西施犬，因而关于它的起源问题，至今还没有一个确切的定论。

19世纪末，布鲁塞尔格里丰犬传入美洲，并在美国和加拿大繁衍生活，目前，世界各地都有这种犬的踪影。

布鲁塞尔格里丰犬现在有两个品种：一种叫做粗毛格里丰犬，它被毛较硬，有胡须；另一种为短毛格里丰犬，不少养犬者认为它是由粗毛格里丰犬和中国哈巴犬杂交而成的犬种。

🦴 生活习性

布鲁塞尔格里丰犬敏捷、伶俐、机灵、活泼，肯接受训练和管教，又生性勇敢，对主人忠诚。它们性格开朗，调皮，喜欢嬉闹，在生活上不太娇气，能适应较差的条件，不论在农村还是在城市都能适应，有较良好的耐性。

布鲁塞尔格里丰犬有一项特有的技能，就是善于捕捉小动物，尤其捕捉老鼠是它的拿手好戏。所以，这种犬既可作为家庭守卫犬，也可作为猎犬或表演犬来饲养，可以说是犬类中的"多面手"。

🦴 驯养知识

在食物的调配方面，每天应供给肉类150～200克，另加等量的干犬饲料和饼干。肉类要切碎、煮熟，与干犬饲料、水拌和后喂饲。食品必须新鲜，煮制时要注意清洁卫生。

每天要定时喂食，并且要限在15～25分钟内吃完，时间到了要立即将剩余食物收走，以养成其良好的进食习惯。同时要供给充足的清洁饮用水。所用的餐具要经常清洗消毒，以保证它健康无病。

布鲁塞尔格里丰犬不需要太大的运动量，不必每天都带它出去散步，可偶尔做短距离步行或让它在庭院内走动以及做适当的跳跃和小跑即可。

对于粗毛型的布鲁塞尔格里丰犬，需要经常用刷子为它梳理被毛，在梳理的过程中，可有意识地将老毛打去一些，这样可以促使新毛长出。修剪的程序：先从前躯部分开始，接下来依次是肩部和肘部，然后是修剪胡须、耳缘以及眼睛外侧的毛。

幼犬修剪被毛，主要是剪去一些耳朵上的长毛，其他部分的毛，稍作修剪就行。但躯体和肩部的杂毛，则必须剪去。腿后和趾部以及尾部过长的毛也要适当修剪。

对短毛型的布鲁塞尔格里丰犬的毛，则需经常梳洗或用柔软的布为它擦拭，使其被毛干净有亮泽。

上述两种类型犬的趾甲，也应定期修剪。

在饲养期间，要经常留意观察它的精神状态是否正常，食欲是否正常，大便是否有规律，有无拉稀或便秘等情况，鼻垫的干湿度有没有异常的变化，体温是否正常，发现其出现病症，应尽早给予治疗。

	选购技巧与健康指标
1	选购时，要严格对照布鲁塞尔格里丰犬的性格特点和外形特征，衡量欲购的狗狗是否符合这些标准，是否有较大的差异
2	肩高与体重不应与标准相差太大，肩高不宜超过26厘米，体重不要超过5千克
3	头要圆；鼻要短而尖，略微上翘；眼应稍为突出，且眼睛及眼眶周边颜色应较深
4	背应稍短而平直，前胸深而宽；前腿应短而直，后腿要强壮且肌肉丰满
5	耳朵宜较高位，且薄而半直立
6	鼻应以黑色为佳，若呈红色，或有斑点则不佳；被毛有白色小斑点，则在外貌上有所欠缺
7	短毛型犬，如眼睛不呈黑色或全身被毛全部为黑色的，则算不上是美犬
8	短毛型犬在行走时，要求步态轻快美观；其被毛则要短而整齐，柔顺如丝，光亮润滑，达此标准的为上品
9	粗毛型犬，若有黑色胡须的，则为上品
10	要求体质强壮，不应有寄生虫或有任何疾病
11	不能选患有消化系统疾病的布鲁塞尔格里丰犬
12	应向卖主索要该犬的技术参考资料，如防疫接种证书、血统证书、转让证书等

西里汉㹴

- 🦴 **肩高：** 一般为23~30厘米。

- ⛰ **体重：** 成年雌性为6~8千克，成年雄性为7~9千克。

- 🐾 **头部：** 头盖骨圆而宽，两颊不明显凸出。

- 👃 **鼻部：** 鼻大而色黑。

- ➤ **吻部：** 口吻长，呈方形，两颌强健有力。

- 🐕 **体形：** 躯体较胖，胸宽而深，背部平直。颈部长而结实。四肢短、直而坚硬，膝关节稍弯曲，尾部尾根位置较高。

- 🍂 **被毛：** 被毛粗长而硬，密集而亮丽，呈铁丝状，但下层毛较细软，呈毛绒状。颊部与颌部有长胡须，四肢有长饰毛。该犬的毛色有纯白的，也有在白色中带褐色或柠檬色的，有些头部和耳朵部位有黄褐色斑纹。

发展历史

西里汉狸又名西里汉犬、西里娃木铁里亚、西利哈姆狸。因原产于英国威尔士西哈佛的西里汉村而得名。

西里汉狸原是捕鼠能手，是一种著名的狩猎犬，后来逐渐演变成优美的宠物与展示犬。据传这种犬是在19世纪中期，由当地一名叫约翰·爱德华的上尉，将丹迪丁蒙狸与威尔斯柯基犬、法国巴斯克犬、西高地白犬等犬杂育而成。第一个西里汉狸俱乐部于1908年在西哈佛堡成立。

西哈佛堡西里汉狸俱乐部经过3年的努力培育，终于获得成功，该犬种得到全英养犬协会的承认；1910年该犬种输入美国，成为受美国贵族宠爱的高贵犬种。1913年，美国也成立了西里汉狸俱乐部。

1920年之后，西里汉狸就风靡世界各国了。

生活习性

西里汉狸性情活泼，精力充沛，机警勇敢，感觉敏锐，既热情又滑稽可爱。

此犬喜爱玩耍嬉戏，善于捕鼠。

它对主人很忠诚，对儿童非常友好，由于其性格善良，深得女性、儿童的喜爱，各地饲养者甚多。

驯养知识

西里汉狸善于捕猎，天生喜欢活动，其活动量大于一般犬种，因而对食物的消耗量也比较大。

每天的食物中，应有肉类280～350克，另加等量的干犬饲料或无糖饼干。肉类要煮熟、切碎，再和干犬饲料加少量水拌和后喂饲。

西里汉狸很喜欢啃骨头，平时可给几块骨头让它啃食，既可起到娱乐作用，也有助于其牙齿健康。

肉类要单独煮，不要和犬饲料混煮，这样可提高肉类的香味，让狗狗有良好的食欲。

喂食要定时定点，以养成良好的进食习惯，若超过规定时间，即应将食盆和剩余食物拿走。

饲料要新鲜和洁净，食盆等餐具要洗净，并每2～3天消毒一次，以防止其染上疾病，尤其是夏天更要注意这一点。

西里汉㹴是一种活泼而好动的犬种，运动量较大因而每天都要有充足的时间让它自由散步、奔跑或跳跃。

保持它的身体洁净很重要，原则上应每天为它用硬毛刷梳理皮毛，且要定期为它洗澡。洗澡次数可依季节和气温而定，一般冬天至少1月洗一次，春季、秋季可每隔半个月洗一次，夏季则隔天洗一次。洗完澡后，要及时用电吹风将其被毛吹干，防止受凉感冒或感染皮肤病。

每隔几天，要为它修剪身体各部位过长的毛，修剪的要求如下。

颈部下面的毛要适当剪短；背部的毛要修剪平整，使背看起来呈水平状，使其外观具有整齐的美感；颈前的毛要由上而下地剪短；而前胸则应留下长毛，毛长以不拖地为准。

肩上的毛要修得平整而均匀；前肢的毛只需稍微剪短一些即可；脚趾之间的毛应剪去，使其呈圆形；体侧肋骨下部的毛要小心修剪，不宜剪得太多，从体侧看上去，应呈乱毛状为好，这样可以显出胸部扩张的自然美。

大腿部分的乱毛要剪去，而跗关节后面的毛，只需修剪整齐即可；尾巴尖端上的毛要剪得略微前倾，才显其美。尾根的毛要短，臀部的毛宜保留适当的长度，使后躯显得粗壮。

头顶部分的毛要长，眉毛要留长，内、外耳侧的毛要剪去，耳缘的毛需剪齐。鼻梁与眉部过长的毛应剪去，只留下颊须和颌须。咽喉部的毛应该剪短些。

此外，在幼犬的饲养期，必须对它进行必要的训练，避免它养成任性或固执的脾气，要让它养成听从主人指挥的习惯，养成爱清洁和在规定地点排便等习惯。

选购技巧与健康指标	
1	选购西里汉㹴最重要的是不能把品种不纯的犬误认为纯种犬，因而必须按照该品种的外形特征和性格特点，认真辨认
2	辨认时，应从狗狗的肩高和体重开始逐项进行考察，这种狗狗的标准肩高为23～30厘米，标准体重为6～8千克，待选狗狗的身高、体重值不能与标准值差距太大
3	头部和口鼻应该较长；身躯应较长而腿应较短，整体略呈长方形
4	耳朵要大而宽圆，向前略倾而下垂，贴于面颊两侧；眼睛要大小中等，形圆、色黑
5	牙齿要坚固而较长，呈剪式咬合；鼻较大，鼻尖宜呈黑色
6	颈部应比较长而且结实；尾巴一般被断去一截，尾根较高，尾部向上直立
7	躯体宜短而稍胖，胸应深而背部平直，后躯一般长于前躯；动作应轻快、灵活，步态轻盈
8	颊须和颌须都应长而丰满；眼睛要有神；见人不畏缩，体现出勇敢而机警的性格
9	体质要健壮，不能带有任何疾病；肛门周围有黄渍或粘有粪便者不能入选
10	毛色应以白色或白色中带有柠檬色的为好，除头部五官呈黑色之外，其他部分黑色过多的最好不入选
11	眼睛小而色浅，鼻色白、呈樱桃色或有斑点，耳朵直立或耳形不正，口颌不正的，都不符合西里汉㹴的选购标准
12	头颈粗短而腿长，被毛柔细而卷曲像羊毛，牙齿呈钳式或虎式咬合的，不符合西里汉㹴的选购标准
13	选购时要向卖主索要技术资料及血统证书、预防接种记录卡及双方签字的转让证书等

波士顿㹴

- ⬛ **肩高：** 一般为25～40厘米。

- ⛰ **体重：** 小型为7千克以下，中型为7～9千克，大型为9～11千克。

- ➤ **头部：** 略呈方形，头顶平坦，无皱纹和赘皮。

- ● **鼻部：** 呈黑色而较宽。

- ➤ **吻部：** 口吻短但较宽。

- 🐕 **体形：** 躯干较短，肩部倾斜，胸深而且宽，肋骨适度弯曲，腰背短而肌肉丰腴。腹部上收，臀部稍曲。

- 🍃 **被毛：** 短而纤细，薄而平柔，质地好，富有光泽。被毛颜色有深黑色、白色或金黄色。头部、口吻、颈部、前额、胸部及四肢等部位被毛，常有白色斑纹。

🦴 发展历史

波士顿㹴又名波士顿犬、波士顿㹴犬、绅士狗。

波士顿㹴因原产于美国波士顿市而得此名。

其被毛有黑色、白色、灰色和虎纹斑等颜色，由于其胸部及前肢为白色，看起来很像一位穿着礼服的绅士，故又名绅士犬。

波士顿犬由英国斗牛犬、法国斗牛犬与英国㹴杂交而育成。

据相关资料记载，1870年，波士顿㹴开始在犬展上露面，当时被称为美国牛头犬。1878年，又有几只波士顿㹴出现在展会上。1891年，美国犬学家詹姆斯·沃森将其改名为波士顿㹴。此后，这个名称被正式承认，并成立了波士顿㹴俱乐部。

直至1933年，波士顿㹴这个犬种才被正式承认。1946年以后，这种犬在欧洲被广泛饲养。

🦴 生活习性

波士顿㹴十分聪明伶俐、活泼机警、富有活力，是一种令人愉快的玩赏犬和陪伴犬。

波士顿㹴对主人十分忠诚，对其他人也和蔼可亲，很愿意亲近人，很喜欢伏在主人的肩部或背上，并用舌头舔舐主人的脸。

波士顿㹴虽然生性爱玩耍，但服从性强，容易被管教，能高度遵守秩序。

波士顿㹴吠声低而有胸腔共鸣，表情生动，行动活跃，姿态优美自如，很能讨人欢心，且很少脱毛，因此，十分适合城市家庭饲养。其大型犬适合作为看家犬，中、小型犬很适合作为玩赏犬和陪伴犬。

🦴 驯养知识

在每天的饲料中，中、小型犬需供肉食200～250克，大型犬需供肉食

300～350克，并加等量的干犬饲料或饼干。

肉类食物应先煮15～20分钟，切碎后与干犬饲料加适量温开水拌和后喂饲。

每天究竟应供多少饲料，可根据犬体的大小适当掌握，以恰到好处为宜。饲喂过少，狗狗会因营养不够而失去活泼可爱的姿态和形象；过多，狗狗会因营养过剩而发胖，从而失去迷人的魅力。

供食应定时定量定点，并限定在15～25分钟内吃毕，超时要将食物和食盆收去，不能任其拖延时间，导致不定时进食的坏习惯。

在每天的早晨或傍晚，要带它出去散步、溜达，但不可让其快步奔跑或剧烈运动，否则，会出现气喘、气急现象。

每天需要用梳子或毛刷为其梳理被毛，以保持其被毛的清洁与光润，并定时为它洗澡，天凉时每隔20～30天洗一次，天热时每隔3～5天就应洗一次。头部（额部）、鼻梁部和腹部等处过长的毛，要定期修剪，将短白毛显露出来，让其显得更加美丽，讨人喜欢。每隔10～15天，还要修剪脚爪一次。应每隔几天为犬清除耳垢、齿垢。它的眼睛大，灰尘和异物容易进入眼内而引发眼病，故应经常用浓度为2%的硼酸水清洗眼睛和眼眶，以免细菌感染。

若能在洗完澡、吹干水分的毛上，稍微涂一点儿橄榄油，再用绒毛或丝绸等软料擦拭一会儿，那它的被毛就会显得更加亮丽动人。

在饲养过程中，要经常对它进行调教，使它养成讲好习惯，如定点排便，不用爪抓沙发及衣物等。

由于波士顿㹴属短鼻犬，其呼吸道较短，容易中暑，因而夏天中午不能放它出去散步或做其他活动量较大的运动。另外，它的鼻易干裂，在秋、冬季气候干燥时，要经常在它的鼻子上涂少量甘油、凡士林等油脂，以防鼻端出现干裂。

平时，还应经常注意犬的精神状态有无变化，食欲情况如何，粪便的形态及鼻垫的干湿和凉热情况，一旦发现有病，就应及早治疗。

选购技巧与健康指标	
1	按照波士顿㹴体形特征及性格特点，考察拟购对象是否大体符合要求，若差距过大则不应购买
2	全身各部分的比例应匀称，外形美观，姿态优雅
3	头部不宜过大，额段明显，头呈方形而无皱褶
4	从额部起，应有明显的白条延伸至嘴部；鼻尖黝黑，嘴唇大而不下垂，门齿稍前出咬合
5	双耳要竖立，为小而尖的蝙蝠耳形，耳的位置要靠近头顶两侧，并稍外展；耳朵若过大，有损美姿
6	躯体要短而宽，胸部应深而阔，腰要短，腹部应略微向上收缩，后躯和臀部应略微弯曲
7	四肢要强劲，前肢要短而结实，强劲而直；后肢跗关节低下；脚趾圆而大，色黝黑；行走时步伐要轻快
8	尾根部位低，尾部短，尾端细直；如尾向上翘起，则不应过高
9	颈应较粗壮；眼睛应大而圆，颜色为暗褐色，目光应既敏锐又温和
10	被毛应短而纤细，并富有光泽，被毛既粗又厚的不宜选
11	毛色可选黑色、金黄色或白色的，也可选有虎斑的；在额部中间、嘴部、颈部、胸部及四脚有白色的属正常品种
12	全身黑而无白斑，鼻红色或经断尾的，都不宜选购
13	头圆而长、眼小而突出或深陷、鼻色浅淡、口吻尖、牙齿排列不正，颈细而长，胸狭，腰长而向下垂弯，脊背塌陷的，皆不宜选取

曼彻斯特㹴

- **肩高：** 一般为23～25厘米。

- **体重：** 一般为3.2～5.4千克，少于或超过这个标准的，不得参加犬展或比赛。

- **头部：** 从额部起呈圆形，额稍平。眼距宽，眼呈椭圆形，色暗褐，闪闪有亮光。

- **鼻部：** 鼻端狭窄，呈黑色。

- **吻部：** 吻较长，门齿剪状咬合。

- **体形：** 尾部向上弯曲，竖立时不超过头顶，尾根位高不断尾；前肢直，后肢的跗关节较低；前腿较短，肌肉和骨骼发达。

- **被毛：** 被毛短而密，有光泽。以双层被毛为佳，外层由直而硬的毛组成，毛长5～6厘米。饰毛较软而长。被毛有褐色和全黑色，两腿处和其他部位有少量褐色毛。

🦴 发展历史

曼彻斯特㹴又名曼彻斯特玩赏犬、英国玩具㹴、玩具曼彻斯特㹴。

曼彻斯特㹴原产于英国曼彻斯特，犬的名称即由此而来。在维多利亚王朝时，曼彻斯特镇就是以饲养这种犬而著名的。这种犬，有的人认为是由古黄褐㹴与埃及灰犬交配而来；有的人认为是挥鞭犬与捕鼠犬杂交而成的后代。持后一种观点的人，其理由是，古时英国的曼彻斯特地区，是著名的捕鼠和逮兔运动的中心城市，当时人们很希望能得到一种既能捕鼠又能逮兔的犬，于是便用上述两种犬进行杂交，培育训练出了能够捕猎的曼彻斯特㹴。

直到20世纪中期，曼彻斯特㹴才被承认为一个独立的品种，并规定其标准体重应在2.3~5.5千克之间，不能低于2.3千克。曼彻斯特㹴可分为大

型与小型两种。现在人们所饲养的小型曼彻斯特㹴，是由大型的曼彻斯特㹴演化而来的。现在的这种小型曼彻斯特㹴，能适应普通的家庭生活，也可以作为看家犬。由于这种犬身体免疫力很强，不易患病，寿命也比较长，所以很受人们欢迎。

🦴 生活习性

曼彻斯特㹴性情温柔可亲，行动敏捷，既不会攻击人，也不会见人就羞怯害怕，而是胆大而谨慎，对陌生人有警戒心，听到有异常声音就会吠叫。

曼彻斯特㹴嗅觉灵敏，贪玩，爱运动，常喜欢在室内来回走动。

它们对主人很忠诚，对儿童很友善。它们身体很强健，很少患病，寿命长，一

般可活16～17年，适合普通家庭饲养。

驯养知识

在给曼彻斯特㹴每天提供的饲料中，应有肉类或肉类制品200克左右，另加同等数量的干犬饲料、无糖饼干或面粉制品等。肉应先煮熟，切成小块后加少许水与干犬饲料调匀后喂饲。喂食要定时定点，并限定在20～30分钟内吃完，到时即将食盆收去，迫使它在规定时间积极进食，从而养成其定时定点进食的好习惯。

除饲料外，每天要供给充足的清洁饮用水。餐具和食盆等要勤洗和常消毒，尤其是天热的季节，要特别注意其环境及用具的清洁卫生。

曼彻斯特犬较爱活动，每天要有一定的时间出去散步，或让它在花园、庭院内自由奔跑。

曼彻斯特犬身上一般不会发出异味，可不必过多洗澡，但每天都要用绒布擦拭其被毛，对尾部下面的粗毛以及趾甲，应定期修剪，以保持其美观。还要经常用浓度为2%的硼酸水为它洗眼，以防止患上眼炎。

　　每隔3~5天要为它清除一次耳垢和牙垢，在天寒季节空气干燥时，要用防裂油膏涂抹鼻尖，以防干裂。

　　在外出散步时，若遇上急雨淋湿犬毛，回家后应及时用干毛巾为其擦干，以防止患上感冒。寒冷季节，犬舍应设在避风的室内，以防止它被冻伤。

选购技巧与健康指标	
1	应仔细察看拟选对象身体的各个部分是否符合曼彻斯特㹴的特征
2	要选温顺可亲，行动敏捷，对主人忠诚、顺从且身体强壮的
3	要选头部较狭长，吻长而鼻尖，鼻色黑，身体略呈方形，前胸较深，腰部坚实、稍呈拱形的
4	要选耳根位置较高，耳壳较薄，两耳距离稍近、呈直立状态的
5	眼睛要较小而呈椭圆形，眼珠呈暗褐色而有光亮，炯炯有神
6	前肢要较直，后肢的跗关节应较低，趾应紧握而脚爪为黑色
7	尾较短，尖部较细
8	毛要短，但较光滑，毛色为黑色或褐色
9	选精神饱满，举止灵敏，反应迅速，步态轻快的
10	全身任何部位的被毛有超过1厘米以上白斑的即非上品
11	被毛太长或门齿咬合不正的则非良种
12	尽可能向卖主索要技术资料及有关证书，如防疫接种证书、血统证书、双方签字的转让证书等

巴哥犬

Ē 肩高：一般为26～30厘米。

⚒ 体重：一般为6～8.5千克。

🐾 头部：头部大而且圆，脸部上宽下窄，呈倒梯形（或斧头形），下巴宽而不尖。

🐽 鼻部：鼻子及四周呈黑色，犹如戴了个黑色面罩。

🦴 吻部：吻部呈方形，深色，但不向上翘。唇及吻部全为黑褐色。

🐕 体形：身体滚圆而粗壮，颈部略成拱形，短而粗壮。背短而平，胸宽。尾粗壮，有绒毛，卷在臀上方。前肢较后肢稍短。

🐦 被毛：被毛短而柔软，光滑细密而富有光泽。被毛有多种不同的颜色，有黑色、银灰色和杏黄色。

🦴 发展历史

　　巴哥犬又名八哥犬、巴儿狗、哈巴狗、斧头犬、罗水犬、嘉陵犬、荷兰斧头犬等。

　　关于巴哥犬的来源说法不一，主要有以下几种。

　　一种说法认为此犬源于中国的西藏，是由荷兰的水手和商人带到欧洲的。由于它受到荷兰王公贵族的宠爱，而一度被称为"荷兰犬"。

　　另一种说法认为此犬原产于中国，后来传入日本，再由日本传入欧洲而成为各国王室的宠物。

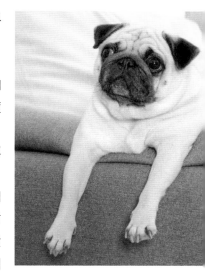

　　还有种说法则认为，在 16 世纪时，欧洲商人把中国丝绸带到欧洲的同时，也把中国巴哥犬带回了欧洲。当时与中国通商的不仅有葡萄牙人，而且有西班牙人，在 17 世纪时，荷兰人和英国人也到中国来通商了。他们带回中国商品的同时，也把巴哥犬带回国。俄国彼得大帝时代，商人们又将巴哥犬带到了俄国。后来，意大利人、法国人也把它带回到各自的国家，因而整个欧洲到处都能见到巴哥犬了。

🦴 生活习性

　　巴哥犬聪明伶俐，和善温顺，容易驯养。它喜欢和人亲近，对主人忠心耿耿，可帮助主人照顾小孩和老人，因此，深受人们的喜爱。

　　巴哥犬好奇心强，反应敏捷，它独特的脸型、可爱的面貌，能博得人们的欢心。它能适应各种不同的环境，平时喜欢安静，不多吠叫，爱嬉戏。

　　巴哥犬有很强的记忆力，对主人很和善，可对陌生人却很警惕，且很凶猛。巴哥犬能像猎犬一般追捕老鼠，所以既可作为优良的玩赏犬，又可作为看家守院的守护犬。

🦴 驯养知识

　　喂饲巴哥犬的食物，肉类（牛肉、鸡肉、鱼肉）一定要新鲜，鱼要剔去刺喂食，量可根据犬的体重大小，以180～220克为适度，不可供喂过量，否则就会让它发胖，失去可爱的形象。

除肉类外，还要喂些蔬菜以及煮熟的豆类、不含糖或少糖的饼干等素食。肉类应先加少量水煮15～20分钟后切碎再喂。肉类之所以要煮熟，一是为了增加香味，引发食欲；二是为了杀灭肉中的细菌和寄生虫，以防患病。

巴哥犬是一种较贪食的犬类，所以一定要掌握好供食的量。喂饲时要定时定点，以养成其良好的进食习惯。

巴哥犬活泼好玩，每天必须给予一定的活动时间，让其达到一定的运动量。但此犬呼吸道特别短，进行过于剧烈的运动，会因呼吸短促而引起缺氧，所以不宜进行过于剧烈的运动，最好在早晨和傍晚时都带它出去散步。外出时，要为它戴上项圈，以限制其乱跑或做剧烈运动。

由于巴哥犬头上及颈部等处皮肤皱褶较多，很容易藏纳污物和细菌，所以要特别重视清洁卫生工作。平时要多给它洗澡，春秋季节每隔10～15天洗一次；冬季天气寒冷，至少每个月洗一次澡；夏季天热，每隔2～3天洗一次。要特别注意洗净皱褶缝处，以防患皮肤病或生疖疮。

每次洗澡后，要用软毛刷为它刷毛，并用电吹风替它把毛吹干。在春秋季气压低、空气湿度大的日子里，它那多皱褶的皮肤容易发炎和滋生真菌，要将它移至通风干燥的环境中去饲养。炎夏时节还要每天用毛巾为它擦身，特别要擦去皱褶中的

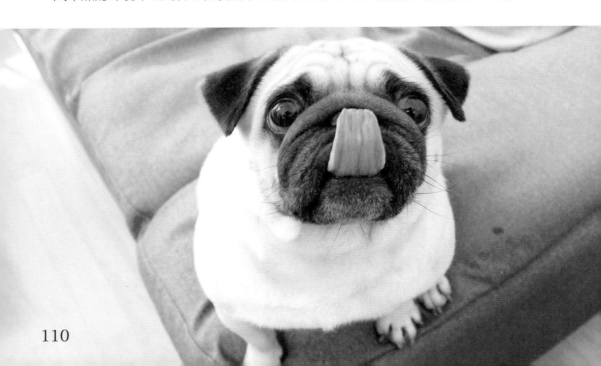

污垢。

巴哥犬因鼻短而扁，容易吸收潮气而湿润，因而滋生细菌引起发炎溃烂，因此在空气潮湿气候闷热时，要在它的鼻子上涂一些干的硼酸粉，以保持它鼻部干燥，不让细菌有滋生的条件。由于鼻道较短，在气温高时，它会出现呼吸困难的状态，甚至中暑，因此，必须注意以下几点。

1. 夏季中午不要带它外出，更不要让它做剧烈运动。

2. 把它移到较透气和阴凉处去喂养，不可让它在烈日下直晒。

3. 在温度高的中午和午后，若有降温设备，可将它所处的环境适当降温。

在饲养过程中，还要重视巴哥犬眼睛的清洁卫生，由于它的眼睛大而圆，尘埃容易进入，故隔一段时间要用犬用眼药水为它洗眼，一般每周需洗眼两次。因其眼部上方有皱褶，睫毛容易向眼内倒生，遇到这种情况，要及时就诊。

	选购技巧与健康指标
1	购买巴哥犬，应从可靠的品种繁育场购买，从中选购健康状况良好的幼犬
2	选购时要对照巴哥犬的体形特征，选出比较符合标准的幼犬
3	巴哥犬的幼犬，要求头大而圆，脸部上大下小像斧头型；面部的皱褶应以多而深的比较好，皱褶浅而少的不是佳品
4	眼睛要选大而圆且略突出的，眼小的不佳
5	尽量选"六全黑"，即眼圈黑、额上皱褶黑、嘴黑、鼻黑、耳黑、颊上的"痣"也黑的佳品
6	面部像戴了黑色面罩的为佳；耳朵要小而薄且较柔软的为好；嘴部要求略带方形，口吻应以短的为好
7	毛色以米色、杏棕色、银色或黑色的为好
8	胸部宽阔、躯体粗壮而短健、肌肉丰满的为好；四肢要直而强壮，腰部不宜过长，脚趾黑色的为好
9	尾巴最好要有双层卷毛，并能卷向臀部上方的
10	身体瘦弱、四肢长而无力或躯体较长，被毛稀疏的不佳
11	要向卖主索取技术资料及血统证明书、接种记录证书及签字转让证书等

威尔斯柯基犬

肩高：一般为25～30厘米。

体重：一般为9～13千克。

头部：头盖大而扁平，上部较宽而眼以下则逐渐狭窄。

鼻部：鼻端黑色。

吻部：吻部稍尖，牙齿呈剪式或钳式咬合。

体形：胸部深而阔，胸骨突出，身体长而壮，腰较短，背平直，腹部不上收，四肢短小。

被毛：卡迪刚威尔斯柯基犬的被毛短或中长，毛质硬，被毛颜色多样，但无白色；潘布鲁克威尔斯柯基犬被毛长度适中，被毛有单一的浅红色、灰色、淡黄褐色或黑色的，其足部、胸部、颈部一般有白色斑纹。

发展历史

威尔斯柯基犬又名威尔斯牧畜犬，分卡迪刚威尔斯柯基犬和潘布鲁克威尔斯柯基犬两个品种。

威尔斯柯基犬原产于英国的威尔斯地区，其中卡迪刚威尔斯柯基犬是英国最古老的犬种之一。

威尔斯柯基犬可能跟德国矮脚长耳猎犬有相同的起源，其发展过程可追溯到公元前一千多年的凯尔特人时期。当时的凯尔特人将此犬带到英国，经过多个世纪的改良培育，才成了今天的形态。

威尔斯柯基犬于1925年首次在犬展会上露面，1934年正式确定标准，并分为两个品种。

20世纪时，威尔斯柯基犬已闻名于世，当时乔治六世把一对潘布鲁克柯基犬送给他的女儿伊丽莎白（即后来的伊丽莎白二世女王）。从那时起，这种犬就进入了王宫，常同伊丽莎白在一起，甚至伴伊丽莎白外出旅行，从而身价百倍，受到很多养犬者的宠爱和欢迎。

生活习性

威尔斯柯基犬聪明伶俐，精神饱满，机灵勇敢，警觉性高，稳重而活泼。对主人忠诚温顺，易于训练；对外人不羞怯，不凶恶，脾气较好。

🦴 驯养知识

在每天的饲料中，应含肉类200～250克以及等量的素食。素食可选用各种杂粮、蔬菜等，要定期更换品种，以保证摄食的营养全面。

每天喂饲食物要适度，过多过少都不利健康成长。

此犬的被毛虽然稍粗却不长，但也应经常为它梳刷清理，以保持其清洁美观。还应定期为它洗澡、清除耳垢、牙垢，用温水（煮沸后晾凉的水）洗眼，修剪脚爪等。卡迪刚威尔斯柯基犬很容易患眼疾，所以应每隔3～5天，用犬用眼药水为它洗眼，以防止发生眼疾。

犬舍要选择通风、干净和干燥的地方，并每隔半月或一月做一次消毒处理。

由于此犬早期为畜牧犬，生性活泼好动，所以不能经常关在室内，而应给予适当的时间让它在户外活动，以保持其健康活跃。

潘布鲁克柯基犬好与同类相斗。所以必须从幼犬时期开始，对它进行训练和调教，使它改掉这种恶习，和其他犬融洽相处。

同时也要训练它不撕咬家中衣服、窗帘、沙发、床单、被子等物件，以及训练它养成注意清洁卫生的习惯，不在有污泥的地上坐卧，以防污染被毛，特别要让它在规定的地方大小便。

平时，要经常注意观察它有无精神不佳、食欲减退、大便不成形、鼻垫干燥或发热等不正常现象，一旦发现有问题，就应尽早治疗，以免由小病转成大病。

	选购技巧与健康指标
1	在选购之前，要先参阅相关资料或到养有威尔斯柯基犬的人家去现场观察，在有丰富感性认识的基础上，梳理出几条区别优劣的标准，作为挑选时的依据，这样挑选出来的品种，各个部分大致能符合标准
2	挑选的第一步是看被选幼犬的肩高和体重是否基本符合标准
3	威尔斯柯基犬头部形状和外貌酷似狐狸，头盖大而平坦，不是很圆，额段不突出；口吻较尖，尖端较细；鼻端黑色；牙齿剪式或钳式咬合
4	耳朵直立、较大；颈部短而粗，肌肉相当发达
5	身材较矮小，胸深而阔，胸骨突出，体长而壮，肋部稍曲，背部应较平直，腹部不宜上收
6	四肢矮短，骨骼粗壮，前肢短而直，后肢肌肉发达结实；脚椭圆形，飞节短，脚垫强健，爪短
7	卡迪刚柯基犬身躯相对较长，腿较短，奔跑快；耳尖较圆；尾巴较长，似狐狸尾；被毛有质地硬的短毛与中长毛两种；胸骨突出，背部平直。潘布鲁克柯基犬身材较高，体躯较短；前肢较直，骨骼较细小；有华丽的被毛，毛长中等；耳朵靠前呈尖形；尾巴较短，甚至无尾
8	卡迪刚柯基犬毛色多样，但无白色毛；潘布鲁克柯基犬毛色有单一的浅红色、灰色、淡黄褐色或黑色，其足部、胸部、颈部一般有白色斑纹
9	此犬步态较平稳，活泼而轻快自如，显出悠然自得的样子
10	若两侧隐睾，耳大下垂，前、后腿皆细长而瘦削，则不符合威尔斯柯基犬应有的外形特征，不应入选
11	应选动作敏捷、灵活，精力充沛，躯体健壮，体态小巧可爱，站立时姿态优雅的
12	应向卖主索要该犬的血统证书、双方签字的转让证书等各项证书

秋田犬

- 肩高：雄性为64～71厘米，雌性为55～65厘米。

- 体重：雄性为45千克左右，雌性为38千克左右。

- 头部：头盖骨宽大，额段明显，放松时无皱褶，但有明显的额沟。

- 鼻部：鼻直而短，鼻头大而呈黑色。

- 吻部：唇部不下垂，为黑色。

- 体形：颈粗，较短，肌肉发达。胸部宽而深，肋骨扩张，腰部肌肉结实而适度收缩。

- 被毛：双层被毛，内层绒毛如绵羊毛，厚而细密，较短，外层毛较粗硬。头部、腿部、耳部毛短，肩峰和臀部毛长达5厘米左右，尾毛既长又多。

  被毛有白底黑纹、黄纹或杂色斑纹，但多数颈下、腹下、臀后、脚下部有白色底毛。被毛鲜艳、清晰且斑纹匀称。

🦴 发展历史

秋田犬原产于日本本州岛的秋田县。

17世纪时，日本大馆城主左竹侯曾举办斗狗赛会，来激发武士们的士气。现在的秋田犬，就是以当时体形中等的秋田斗犬为亲本，与体形更大、力量更强的犬种交配繁衍产生的后代。

日本明治时期打开国门以后，秋田犬又与引进的大型洋犬再次杂交，形成了现在这种中等体形的秋田犬。

1931年，秋田犬被正式认定为日本国家级的珍贵动物。

1972年11月1日，秋田犬得到美国养犬俱乐部的承认。

秋田犬是由斗犬演化而来，曾作为猎犬随主人猎捕野猪、小熊等动物，现在普遍作为看家犬、守卫犬和伴侣犬饲养。

🦴 生活习性

秋田犬性情活泼，聪明伶俐，勇敢，机警，反应灵敏，细心而富于感情，理解力很强；对主人忠诚顺从，但有时易冲动；对生人有时警惕性很高，有时又无动于衷；对其他犬类有进攻性。

它有较强的抗寒能力，不计较饲料粗细，粗饲料也能适应。

由于这种犬双足有蹼，善于游泳，因此善于在水中捕获猎物。

秋田犬在日本为理想的守护犬、看家犬和猎兽犬，而在欧洲和美国，多数将它作为伴侣犬饲养。

🦴 驯养知识

秋田犬个体不小，属中型犬，因能够狩猎，平时活动量大，所以食物中需有较充足的营养。在日常饲料中，每天应供肉类500克左右，再加等量的素饲料如蔬菜麦片、饼干等。

肉类应先煮熟，再切成小块，与熟的素饲料混合后供饲。肉类要新鲜，制作过程应清洁卫生，不可将上顿未吃完的食物下顿继续喂食。食槽等餐具要经常清洗。

秋田犬原是狩猎犬，有一定的野性，不可经常关在室内，必须让它出去散步、奔跑、跳跃等。该犬易得丝虫病，犬舍在室外的饲养者，要注重犬舍的环境卫生，并且不让它养成随地坐卧的坏习惯。

此犬从幼犬期开始，就要让它多与外面的人和犬接触，让它养成对人友好、宽容的好习惯。若一直封闭饲养，会形成对人过于戒备，甚至敌对的坏习性。

秋田犬的被毛稠密而美观，每天或隔日要为它梳理被毛，特别在活动回家之后，要及时清除粘在毛上的污垢。还应定时为它洗澡，春秋两季可每隔2~3星期洗一次，夏天每隔3~5天洗一次。天凉时，洗澡后要立即用干毛巾擦干身上的水分，再用电吹风吹干被毛防止受凉感冒。

每隔5~7天，要为它清除耳垢、牙垢和眼屎，脚爪也要定期修剪。

秋田犬随着季节变化会更换被毛，换毛期间要增加梳理次数，以促进血液的流通，加快被毛代谢。

秋田犬平时应戴上项圈和拴上牵引绳，外出时要由主人牵住，以防野性发作，对人和其他动物发起攻击。平时要训练它养成听从主人命令的习惯，特别要让其听懂主人喝止不许它侵犯人和其他动物的命令，防止它闯下祸端。

平时还应注意训练它养成清洁卫生的习惯，特别要养成定点排便的习惯，不许它随处便溺，破坏环境卫生。

在饲养过程中，要时刻注意它的行为举止，留心是否有精神异常、食欲减退、大便变形、鼻垫过干或发热等患病迹象，一旦发现状态失常，患上疾病，就应及时采取治疗措施。

选购技巧与健康指标	
1	在选购前，最好到养有这种狗的人家去参观学习，了解这种狗的外形和习性，做到选购时心中有数
2	如果条件允许，还应找点儿有关这种狗的介绍资料，仔细研究，以进一步了解这种狗的外形和性格特征，避免选购时出现失误
3	在挑选时，首先应注意肩高和体重的标准，太大或过小，都可能不是纯种；幼犬由于月龄不足，身体尚未发育完全，个体稍小于标准的也可考虑
4	秋田犬的头骨较大，为上宽下窄的倒三角形，若头太小，或脸呈方形，则不符合此犬的外形标准，不宜选购
5	秋田犬的耳朵为直立的三角形耳，耳尖朝上而耳窝朝前，若耳朵过大或下垂，则不符合此犬应具有的外形特征，不宜入选
6	此犬的眼睛较小，略呈三角形，眼睛和眼框周围都为黑色。若眼睛圆而大，色浅，则不符合此犬的外形标准要求
7	鼻子较宽大，鼻尖较大，呈黑色，若鼻部细长而尖小，鼻色过浅，也与秋田犬标准不符，不宜入选
8	颈部较粗而短，肌肉丰满发达；躯干长度超过肩高；胸部宽而厚，胸廓发达，肋骨扩张
9	尾位较高，尾巴则大而丰满，卷曲在背上或贴于肋部，尾毛粗、直而丰盛，若尾巴上竖，直而少毛或像佩刀形下垂，则不符该犬应有的形态特征，不可入选
10	被毛应为双层毛，上层毛稍长而略粗，下层绒毛厚而细密。头部、腿部、耳部的毛较短，臀部和肩部的毛较长，尾部的毛则更长
11	毛色有白色、虎纹色或杂色斑纹，而以白底带棕黄色斑块的最多，若毛色差异过大，不宜选购
12	要向卖主索要该犬的血统证书、双方签字的转让证书等各种证书

松狮犬

- **肩高**：一般为43~51厘米。
- **体重**：一般为20千克左右。
- **头部**：头大而宽平。
- **鼻部**：鼻大而宽，黑色，鼻孔张开。
- **吻部**：吻部较短而宽阔，闭嘴时，上唇完全盖住下唇。舌多呈紫色。
- **体形**：颈部粗壮而丰满，毛发茂密。从背峰到尾根平，躯干短而紧凑，背短直而结实。
- **被毛**：被毛丰厚，密直而长，色泽亮丽，蓬松柔软，毛质松细如棉。头部、颈部被毛长而蓬松，形似狮子鬃毛，故有松狮犬之称。毛一般为单色，有黑色、黄褐色、蓝色、白色、红色、银灰色、米色等，但不应有杂色斑纹。

🦴 发展历史

松狮犬又名熊狮犬、巧巧犬、中国食犬、汪汪狗、翘翘犬、三斑犬等。

松狮犬原产于中国，是一个古老的东方犬种，在历史上，它与西藏獒犬、拉萨犬都是喇嘛尊崇的神圣动物。早在2000多年前的汉朝，许多浮雕上就已出现它的形象。

在汉朝时，松狮犬主要作为猎犬饲养，据资料记载，唐朝皇帝就拥有2500对松狮犬和10000多名猎人的庞大打猎团队。

1880年，英国驻北京大使带回一对松狮犬，赠给维多利亚女王和爱德华七世，这对松狮犬深受他们的宠爱。

1894年，英国养犬俱乐部正式承认这一品种。从这以后，松狮犬就在伴侣犬中广泛传播繁衍起来，极受养犬爱好者的欢迎。

🦴 生活习性

松狮犬生性聪明、机警、敏捷、英勇、威悍、庄严，冷静而高傲，颇具贵族气派。

此犬警戒心特强，有时比较冷漠。

"愁眉苦脸"的表情和踩高跷似的步态，是它特有的品种特征。

松狮犬对主人极富感情，忠诚，容易驯服。

松狮犬最早是作为具有狩猎、护卫和拖曳等多种功能的万能犬饲养的，如今人们大多把它作为伴侣犬。

驯养知识

在每天的饲料中，应有300克左右的肉类和等量的蔬菜麦片、饼干等素料。肉应煮熟、切碎，与犬饲料加少量水调和后喂饲。肉类要求新鲜，制作环节要注意清洁卫生。每天供给足量的饮用水。

食料一定要适量，过量会使松狮犬发胖，失去活泼可爱的形象。

松狮犬被毛较长而蓬松，平时要保持干净美丽，必须每天为它梳理一次，清除污垢和灰尘。梳理后要用干而软的布或毛巾为它擦拭，使其清洁靓丽。

每隔5~7天要为它清除一次耳垢和眼屎，并用温开水为其洗眼，防止眼部发炎，还应隔几天修剪一次脚爪。

每天要让它出去散步1~2次，使它有一定的活动量，以促进血液循环。

从幼犬时期起，就应经常调教，使它懂得不能撕咬家中门帘、窗帘、沙发和衣服等物。特别要让它养成清洁卫生的习惯，到规定的地点去大小便。

松狮犬有一定的自尊心，调教时必须耐心引导，切不可粗暴对待。

松狮犬一般只服从主人一个人的指令和调教，家中的其他人，只有平时很友善地和它多接触，和它交流感情，才能和它融洽相处，直至让它听从指挥和命令。

犬舍要选择清洁、干燥和背风的地方，要经常打扫，不让污垢弄脏其被毛，特别是天气暖和的季节，隔一段时间对犬舍做一次消毒工作。

平时要注意它的精神状态是否正常，食欲有没有减退，鼻垫是干燥还是湿润，体温是否正常，大便是否正常，发现有不正常或患病迹象，应立即采取治疗措施。

选购技巧与健康指标	
1	头部要比较宽平，头部狭长呈楔形、斧形或三角形的，一般为混血种，不能入选
2	舌应为蓝色，舌为红色、粉红色或有红色斑点的，皆系混种，不能购入
3	要选小而呈三角形，并微向前倾的直立耳，耳距应较宽，不可选耳大而向下披垂的
4	鼻子较大而宽，鼻孔张开；眼睛略向下斜，呈杏形，眼和眼周围以及鼻端都应呈深褐色或黑色
5	吻部较宽，闭嘴时，上唇盖住下唇；齿龈及嘴唇都应为黑色；牙齿应平整且为剪状咬合
6	颈部应强壮而丰满；躯干、背部和臀部、四肢，都应较短；胸部宽而深，腰部肌肉发达
7	四肢应短而强劲，站立姿势良好；前肢直，骨骼粗壮，后肢骨骼壮实且肌肉丰满；趾猫型，脚垫较厚
8	尾根位较高，尾巴向上卷到背上，尾部有长而蓬松的饰毛，外观优美大方
9	全身被毛丰厚，密直而长，色泽亮丽，质松如棉，蓬松柔软，尤其是头颈部位的被毛蓬松如狮子颈部的鬃毛
10	毛色为单色，可以是黑色、白色、米色、红色、蓝紫色、黄褐色、银灰色等，但不能有斑纹和杂色
11	应向卖主索取血统证书、预防注射证书、双方签字的转让证书及7～14天健康安全保证书等

中国沙皮犬

- **肩高**：一般为35～45厘米。
- **体重**：一般为15～20千克，也有超过20千克的。
- **头部**：头肥大，昂起，笨拙，有些像河马头。
- **鼻部**：鼻大而宽，鼻端及嘴唇为黑色。
- **吻部**：嘴长而大，唇肥厚。
- **体形**：胸深而宽，背、臀平直，腹不收缩，躯体呈圆筒形。腰短颈粗。
- **被毛**：被毛粗糙，只有刚毛没有绒毛，毛短而粗硬，不易倒伏，就像细钢丝刷子。被毛有黄褐色、浅黄色、奶油色、黑色、灰色、红色和银灰色等颜色。

🦴 发展历史

中国沙皮犬又名大沥犬、打斗犬、皱皮狗，是一个古老而独特的犬种。它原产于我国广东省大沥镇，固而得名大沥犬。又因此犬的被毛短而且硬，有些像沙皮纸，所以被称为中国沙皮犬。此犬的历史相当悠久，据传在 2000 多年前的汉代，就已经有人饲养了。出现在当时绘画上的中国沙皮犬，外形和现在的相似，只是体形比现在大得多。据考证，它的祖先可能有松狮犬和巴哥犬的血统。

据说英国人在 200 多年前，从广州购得中国沙皮犬带回欧洲饲养。后来，美国人莫里斯又从我国广东购了一批中

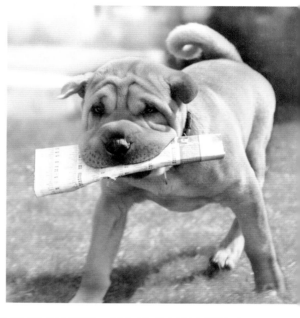

国沙皮犬，从此在美国掀起了一阵饲养中国沙皮犬的热潮，不久又成立了中国沙皮犬俱乐部，使这种犬遍及美国各个州，繁育达数万只之多。

可惜的是，我国早年不重视养犬，现在，即便在中国沙皮犬的故乡，也很难找到纯种的中国沙皮犬了。

🦴 生活习性

中国沙皮犬从外表看，似乎显得神情忧郁，充满哀怨和凝重，其实它的性格是非常开朗、活泼、聪明而机灵的。尽管它的外貌给人以比较凶猛而丑陋的感觉，但实际上对主人非常忠诚，对主人的家人也很温柔，很容易调教，并且很服从主人的命令和指挥。

中国沙皮犬的性格，有英勇、善斗的特性，警觉性很高，很适合狩猎用和看家用。

由于它的长相凶猛、丑陋而又滑稽，加上有几分顽皮，因此深受人们的喜爱，许多人都把它作玩赏犬来饲养。又由于它具有奇特的相貌和独特的个性，且具有守

卫的才能，因而成为世人钟爱的时髦伴侣犬。

🦴 驯养知识

中国沙皮犬的躯体比一般小型犬大，加上它的活动量较大，所以在饲料的配制上，肉类要多一些，每天不得少于500克，并加等量的干犬饲料。肉要先煮熟、切碎，加少量的水，与犬饲料拌和后喂饲。饲料必须新鲜和清洁，餐具要经常清洗、定期消毒。每天要定时定点喂饲，并限定它在15~25分钟内吃完，过时即将食具收去，让其养成良好的饮食习惯。每天要提供充足的清洁饮用水。

中国沙皮犬原是一种狩猎和打斗犬，平时很爱活动，所以每天要给它充足的时间进行散步和奔跑等活动。但要注意，活动不能过度，因为它的鼻道较短，剧烈运动容易缺氧。

中国沙皮犬与众不同的地方，就是它皮肤松弛而皱褶多，褶皱间容易积聚污垢，因此要特别重视它的清洁卫生，否则，容易患疥癣或其他皮肤病。在春秋两季，每隔7~10天给它洗一次澡，夏季炎热天，应隔一天就给它洗一次澡。

　　在空气潮湿的梅雨季节，最好要把它移到清洁干燥的环境中去饲养。每次洗完澡后，要立即用干毛巾为它擦干，再用电吹风吹干被毛。每隔1～3星期，要为它修剪脚爪。

　　此外，每隔一星期左右，要为它清除一次耳垢和牙垢，并用犬用眼药水为它洗眼，以防发生角膜炎。

　　从幼犬时起，就要训练它讲究卫生的习惯，到规定的地点排便。

　　还有一点需要注意：中国沙皮犬免疫功能较差，容易患眼睑内翻症和佝偻病，平时要特别注意防止这两种疾病发生。

选购技巧与健康指标	
1	肩高和体重应符合标准，过高、过矮、过轻、过重的都不应列选
2	头部要较方且大，有些像河马头的形状
3	吻部要较肥厚，呈圆筒状；舌部要呈浅蓝色；面部皮肤应有较多褶皱
4	耳朵要较小而薄，略向下垂，并向前覆盖耳孔；耳缘较曲，耳尖稍圆，并指向双眼；耳距较宽，有运动能力
5	眼睛一般呈三角形，较小，一般为深色，但体色较浅的，眼的颜色也可较浅
6	颈部一般较粗，胸应深宽，背平直，腹不收缩，体躯呈圆筒形
7	鼻宜大而宽，呈黑色，若体色较浅，鼻色也允许相应较浅，与其体色相协调
8	尾根位置较低，根粗而端细，似辣椒状，平时保持下垂状态，兴奋时即上翘，时而卷曲于背的一侧
9	四肢粗壮而有力，但骨骼稍纤细；腿部肌肉发达，后侧有长毛；前肢直立，间距较宽；趾分开，似虎趾状
10	皮肤不同于一般犬种，厚而松弛，富有弹性，其头及肩部的皮肤皱褶多于后体。幼犬皱褶尤多，皱褶随着年龄的增长而逐渐减少，成年以后，仅头部、面部以及前躯仍保持较多皱褶，后体逐渐平坦
11	毛应短而粗硬，不倒伏，以颈部和胸部饰毛丰满的为正常
12	毛色允许多样，可单色或有花斑，只要看上去顺眼协调即可

法国斗牛犬

🦴 **肩高**：一般为30～38厘米。

🐾 **体重**：一般为6～12千克。

🦴 **头部**：略呈方形，头盖部位平坦，额段明显。眼圆而大，眼色暗。

👅 **鼻部**：鼻子短而宽，鼻孔大，鼻尖为黑色。

🦴 **吻部**：口吻宽深，颊部肌肉发达。嘴唇松软、宽厚，色黑，闭嘴时不露牙。

🐕 **体形**：颈部短而厚实，略拱起，喉部皮肤松弛，但不下垂。

🦴 **被毛**：被毛平滑而短，柔软而有光泽。被毛以略呈红色的虎斑色为主，也有白底带淡黄色或褐色斑纹的。皮肤柔软、松弛，头、肩处有皱褶。步态比较独特，既灵活，又柔和轻快。

🦴 发展历史

法国斗牛犬曾是斗牛犬中最强健的品种之一。后来，因法规禁止斗牛活动，经过不断改良，体形变小，就成了一种流行的伴侣犬，受到女士们的欢迎以及宠爱。

法国斗牛犬原产于法国，其祖先可能是英国斗牛犬。

1860 年左右，巴黎出现了一种小型斗牛犬，这可能就是最早的法国斗牛犬。到了 1871 年，这种犬在法国已经相当多了。

1889 年，法国斗牛犬首次展出，很快受到了人们的重视和喜爱。法国的爱德华七世就曾饲养过这种犬。

1913 年，法国普遍饲养该犬，该犬种达到了鼎盛时期。

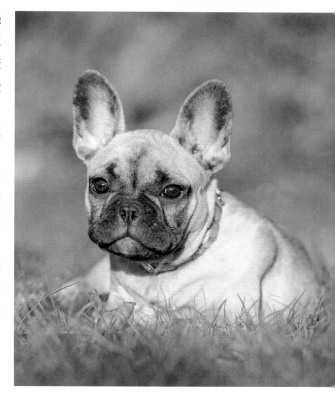

🦴 生活习性

法国斗牛犬聪明、活泼、勇敢、机警、沉着、好动而富幽默感。对人亲切、敦厚，富有感情，性情温和易驯服，容忍性强。善于捕猎鼠，猎鼠时劲头十足，凶狠残忍。对生活并不苛求，可适应各种环境的生活，有个小居室就能满足。由于它对人和善可亲，饲养者常把它作为忠诚的朋友和贴心的伴侣饲养。

法国斗牛犬曾主要用作斗犬，后来人们觉得它看家十分忠于职守，警惕性很高，就大多作为看家犬饲养。也有不少人看它小巧、活泼、可爱，就把它作玩赏犬和伴侣犬饲养。

🦴 驯养知识

法国斗牛犬个体较小，在饲养中一定要控制食量。在每天的饲料中，只需含肉类200克，再加等量的蔬菜、粮食即可。肉类应先煮熟、切块，与熟素食拌和后喂饲。

每天除供食物外，还应供足量的清洁饮用水。

法国斗牛犬曾是一种斗犬，很喜欢活动，所以不宜整天关在室内，应每天让它在室外自由奔跑、跳跃1~2小时，若能每天早晚带它出去散步，则最为适宜。

由于此犬被毛不长，所以不需要每天进行梳理，天气暖时可隔一天梳理一次，天气凉时可隔2~3天梳理一次。隔一个星期左右，要为它清除耳垢、牙垢和清洗眼睛，修剪脚爪。

它的听觉特别灵敏，周围有人打鼾或喘息，它也能听清，所以应为它选择比较僻静的地方所作为犬舍。此犬鼻道很短，因此十分怕热，环境气温较高时，它就会感到呼吸困难，所以在夏天气温高时，就要尽可能为它降温，犬舍也应搬到比较通

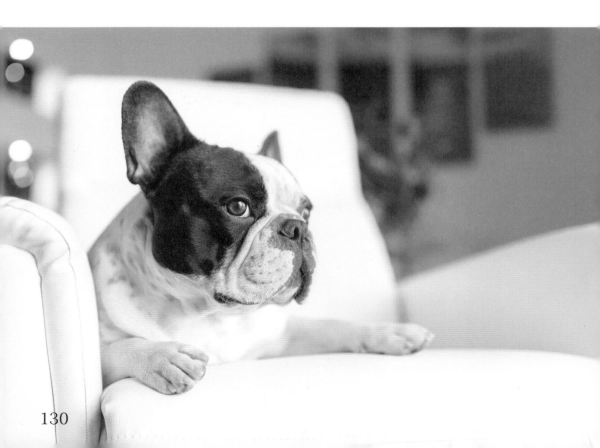

风的地方。

尽管法国斗牛犬的性情比较温顺听话，但仍不能忽视对它的调教和训练，如训练它爱护物件，不撕咬家中物品；训练它爱清洁、讲卫生，特别是应训练它在规定的地方大小便等。

法国斗牛犬还喜欢得到主人的爱抚和表扬，所以除了调教之外，还应经常给予爱抚，爱抚越多，它越温顺听话。

法国斗牛犬脸部、颈部的皱褶缝间容易积垢导致发炎，除经常要为它清除污垢外，还应为它在皱褶处涂些润滑油或凡士林，以防摩擦疼痛。

	选购技巧与健康指标
1	在挑选购买之前，一方面可参阅一些有关介绍这种犬的资料，一方面可到养有此犬的人家现场观察，对这种犬的特征有所了解，以便挑选到纯种良犬
2	法国斗牛犬的头部较大而呈正方形，头盖在两耳间的部位比较平坦，两眼间有凹陷
3	口吻应较宽深，嘴唇应较松软、宽厚；面额上肌肉发达；下颊较深，呈四方形，较宽而稍翘；鼻部也较宽；唇鼻应皆为黑色
4	眼睛应既大又圆，离耳朵较远，不突出，为暗色；耳朵基部应很宽大，耳梢应圆而直立，耳根位置应较高，耳毛要精细而柔软
5	颈应较短而略带拱形，颈下及喉部的皮肤应较松弛，但并不下垂
6	身材短圆，骨骼粗壮，肌肉较发达，胸部较宽深，肋部饱满而上收，肩背宽短，腰较窄，臀弯曲而肌肉发达
7	前肢应直而短，后肢应较强壮，长于前肢；脚部大小适中，趾和爪都较短；尾巴经短截，基部粗，下垂
8	被毛短细而平滑，柔软而有光泽；毛色以略呈红色的虎斑色为主，也有白底带淡黄色或褐色斑纹的
9	若耳朵不是蝙蝠形，鼻色过浅，体重或体形超过标准太多，皆不佳，不宜选购
10	若头较小而狭长，下颌瘦尖少肌肉，两眼突出，眼睛为灰黄等浅色，皆不符该品种特征
11	若尾巴细长而上翘，颈部瘦长而光滑平坦，四肢细长少肉，总体身材瘦长，皆与本品种的标准差距很大，不能选购
12	挑选时，特别要选身体结实健壮，站立时立姿有神，行走时步伐灵活、协调而轻松的

比格犬

- 📏 **肩高：** 一般为30～40厘米。
- ⚖️ **体重：** 一般为8～14千克。
- 🐕 **头部：** 头宽而不大，头盖略圆。
- 👃 **鼻部：** 鼻孔宽阔而嗅觉灵敏，鼻端为黑色。
- 👄 **吻部：** 吻较短而有力。
- 🐕 **体形：** 颈部较长，躯体结实强健，胸深宽，肋骨适度伸张，背略向尾部倾斜，臀部肌肉丰满。
- 🪶 **被毛：** 被毛分平滑细密的和毛质粗硬的两种。被毛有黑黄色、蓝黄色、白色、茶色或三色交错的杂色。

🦴 发展历史

比格犬又名毕高犬、米格鲁犬、比高犬、比格猎犬、米格鲁猎兔犬、英国猎兔犬、小型猎兔犬等。

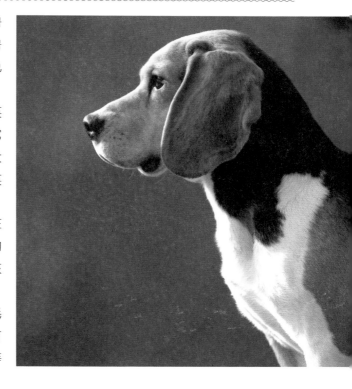

该犬的体形小巧精干，在英国猎犬家族中是体形最小的。它原产于英国，是一个很古老的犬种，早在15～16世纪就已受到英国上流社会的喜爱。

到了伊丽莎白时代，女王在她众多的稀世名犬中，对本土产的比格犬特别宠爱，这大大提高了该犬的身价，其发展也达到鼎盛。

比格犬原来在英国还有刚毛的品种；在克里郡和爱尔兰，有克里比格犬和伊丽莎白比格犬等品种。

1885年，美国养犬俱乐部开始登记承认了比格犬。如今，在世界各国都可见到这种犬的踪影。我国从1982年开始引进该犬种。

🦴 生活习性

比格犬活泼、机警、稳重、乐观，动作迅速，反应快，对主人极富感情，善解人意。

它对周围的人非常友好，特别喜爱儿童，是出色的伴侣犬，也很愿意与周围的动物共处。

比格犬吠声悦耳，奔跑速度极快，人们对它有"动如风，静如松"的赞誉。

比格犬的亲和性强，在参与医学试验时，容易与医务工作者配合进行医学试验，是国际上公认的实验用犬。

它很爱运动，要求每天有较长距离的跑动活动，若运动量不足，可能导致情绪低落。

比格犬乐意接受人们的调配，所以是理想的狩猎犬和实验犬，但不适合做看家犬。

比格犬中还有一种伊丽莎白比格犬，这种犬体形小巧，外出时可放在自行车前的篓内，是极好的伴侣犬和玩赏犬。

驯养知识

比格犬体形较小，在每天喂饲的食物中应含肉类200～250克，并加适量素食如熟素菜、饼干或米饭等。在喂饲时，除了注意食物的清洁卫生外，还要控制食物量，切不可超量多喂，以免发胖、失去其美观外形。

比格犬对运动的需求超过其他犬种，故每天都应给予足够的活动时间，让它达到所需的运动量。

比格犬喜爱干净，每天都应为它梳刷被毛，以保持干净和靓丽。要定时为它洗澡，次数视天气而定，洗澡后要立即用电吹风将毛吹干，防止感冒。冬天洗澡，更要做好保暖工作。

比格犬比较容易接受训练，所以从小就应对它进行必要的调教，除教它服从命令、听从主人指挥外，还应教它不用牙齿和爪子撕扯家中的衣服、窗帘、台布、沙发等物件，当然也要教它养成保持清洁卫生的习惯，到规定的地方大小便。

比格犬还有一种特殊的习性，就是喜欢吠叫，若不调教好，它会叫个不停，吵得人受不了，因此在它吠叫时，要及时制止。

	选购技巧与健康指标
1	在选购前，可到养有比格犬的人家去观察，大致了解一下该犬的外貌、习惯和特性，以便在挑选时有标准对照比较，避免犯弃优选劣的错误
2	要参阅一些介绍该犬的资料，增加一些理论知识，这样在挑选时更得心应手，选择各部分都符合该犬种特征的犬只
3	肩高和体重要符合标准，过大过小均不适宜；如选的犬月龄还不足，尚未发育完全，对肩高和体重可适度放松要求
4	比格犬的头骨应近似长卵圆形，长度和宽度要适中；头后部略呈圆形，枕部较宽
5	吻部要较直；鼻孔宽阔而嗅觉灵敏，鼻端为黑色；牙齿应咬合良好，作剪状咬合
6	眼睛应较大，两眼距离应较宽，眼神应较温和，眼球应呈暗黑色或茶色
7	耳朵应既长又大，向下垂披直至嘴的下方，紧贴着两边面颊
8	颈的长度适中，颈部皮肤有一定皱褶，额角有轻微皱纹，胸深而宽，背短，肩斜，全身肌肉发达而强健
9	四肢应较短小，腿部肌肉发达；脚圆形，脚垫丰满坚硬
10	尾巴既粗又长，为坚挺上扬的剑状尾，常高翘着；尾端有白色或淡黄色毛，摆动灵活
11	四肢骨骼细长，颈部粗短，头方，吻短，尾短，耳小等，都不符合该犬的特征，不应入选
12	成交后应向卖主索要双方签字转让证书、血统证书、预防注射证书和按规定应出具的7～14天健康安全保证书等

日本狐狸犬

- **肩高**：雄性为32～38厘米，雌性为30～35厘米。

- **体重**：一般为6.5～10千克。

- **头部**：头相当大，头顶平而宽。

- **鼻部**：鼻小而尖，鼻端呈黑色。

- **吻部**：口吻长度中等，尖但并不太细，唇色为暗褐色或黑色。

- **体形**：颈部长度中等，有丰满的襟毛。体长略超肩高，胸部宽深适中，肋骨弯曲度好，腰较宽，腹部稍向上收缩。

- **被毛**：被毛有绒毛与刚毛。绒毛柔软稠密，刚毛直而粗。被毛以明亮的纯白色为主。

🦴 发展历史

日本狐狸犬，又名日本史必滋、日本尖嘴犬。

日本狐狸犬由于嘴较长而尖，面部很像狐狸，因而得名狐狸犬。

日本狐狸犬原产于日本，其真正的起源则可追溯到北极附近的雪橇犬和瑞士土犬杂交后代——史必滋犬。这种尖嘴的史必滋犬一直为日耳曼民族所喜爱。

日本大正年间，由白色德国狐狸犬和日本本地犬杂交而成的日本狐狸犬成为在日本民众中极受欢迎的犬种，但直到1952年才被正式承认为一种独立的犬种。

现在日本狐狸犬纯白的毛，是经过多年改良培育的结果。

由于日本狐狸犬有洁白的被毛，既忠于主人，又活泼可爱，所以人们多把它作为家庭陪伴犬来饲养。

🦴 生活习性

日本狐狸犬性格开朗，易兴奋而略带点儿神经质。该犬体格强壮，精力充沛，感觉敏锐，常给人以高傲的感觉。

日本狐狸犬对主人很忠诚，对陌生人猜忌而警惕性高，见不熟悉的人爱吠叫。

由于日本狐狸犬既忠诚又有警惕性，因而适合作为看家的守卫犬饲养，又可作为陪伴犬饲养，是很受人们欢迎的犬种。

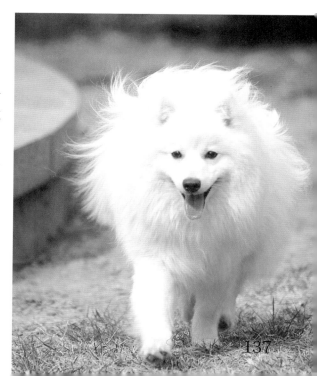

🦴 驯养知识

　　每天供喂日本狐狸犬的饲料，必须有肉类250～300克，另加等量干犬饲料或饼干。肉和干犬饲料都需先煮熟切碎再用少量水拌匀后喂饲。每天还应提供充足的饮用水。喂饲的食物温度以40℃为宜，温度过高会烫伤嘴巴和消化器官。

　　饲料和水都必须是清洁卫生的，食盆等餐具应及时洗刷干净，并定时消毒，防止因不卫生的饮食而感染疾病，尤其在夏天要特别注意。

　　由于日本狐狸犬的祖先是放牧犬，爱自由活动，因此每天要定时带它外出散步，使其达到一定的运动量，以保证身体健康。

　　日本狐狸犬爱吠叫，故在其幼犬时期就应加以训练，使其养成不胡乱吠叫的习惯。还要训练它不损害家用物件，训练它注意卫生并养成定点排便的好习惯。

日本狐狸犬有认熟不认生的习性，因此，最好不要饲养中途变换主人，否则，在较长时期内都不易听新主人的指挥。

日本狐狸犬的被毛比较丰盛，每天应定时梳理，以保持被毛的洁白干净。带犬外出回家后，如发现被毛粘有尘埃或污垢，就要及时清除，并加以梳理，以保持外貌的美观。

平时，要经常留心观察它的精神状态，食欲情况，大便情况，鼻垫的干湿和温度等，一旦发现有异常，就应立即检查治疗。

选购技巧与健康指标	
1	在购买之前，先参阅有关日本狐狸犬的资料，对它的外形和特性，有个大致的了解
2	在挑选时，要按该犬的外形标准，仔细检查拟购对象的各部分，看是否能基本符合要求
3	肩高不低于30厘米，不高于38厘米；体重不轻于6.5千克，不重于10千克
4	头不可小而窄；口吻不应过长或过短，应尖而不太细，要近似狐狸的嘴形
5	鼻不可大而粗，鼻色应为深色；唇也应为深色；牙齿应粗壮坚实，上、下牙应呈剪状咬合
6	耳不宜大而下垂，应直立，耳朵较小而呈三角形并且有短毛将其遮盖住
7	眼睛不宜小，而应大而圆，且略呈三角形，眼的颜色要黑，眼周围也应是黑色，不应是浅色
8	颈部不能过长、过短、过粗或过细，颈上应有略长的饰毛
9	前肢不应弯曲而应较直，后肢应较宽阔而且有丰满的肌肉；脚爪应似猫爪，有较多饰毛
10	躯体宜稍长，胸部要宽深适中，背部要平而较直，腰部宜较宽；腹部略向上收，不可下垂
11	尾根位置较高，尾巴要比较卷曲并覆盖着长饰毛
12	被毛要细密而柔软，毛应是纯粹的白色，不应掺杂其他颜色，否则，会破坏其美态
13	应选身体健壮，精神抖擞的，切不可要有病未愈或肛门周围粘有粪便的

凯利兰犬

- **肩高**：一般为45~48厘米。
- **体重**：一般为15~17千克。
- **头部**：头部长而较窄，头盖骨较为平坦，额段不明显，两耳距离适中。
- **鼻部**：鼻呈黑色。
- **吻部**：吻部长而强壮，肌肉丰满。牙齿坚实，为剪状咬合。
- **体形**：四肢长度中等，骨骼强壮，肌肉丰满。前肢挺直，较粗壮，后肢更为强健、发达。
- **被毛**：毛质甚佳，细密而柔软如丝，被毛丰盛而具有波状纹，光亮醒目。被毛长度为12~15厘米。头上有冠毛。前肢腕关节以下毛较短，颌下有长胡须。被毛有深蓝和浅蓝两种，但有时胸毛带有一点儿白尖。初生的幼犬一般为黑色，幼犬期有时会出现黄褐色斑块，以后会逐渐消失，至18个月后才完全变成蓝色。

🦴 发展历史

凯利兰犬又名凯勒兰㹴、爱尔兰蓝犬、爱尔兰蓝色猎犬。

凯利兰犬因产于爱尔兰的凯利州而得名，曾有爱尔兰国犬之誉。

此犬属古代犬种，历史悠久，其起源可追溯到18世纪。那时，当地牧羊人为寻求一种更适合看护羊群的牧羊犬，而用爱尔兰㹴和丹迪丁蒙㹴杂交，意外地繁殖出被毛色泽极为罕见的凯利兰犬。

据考证，凯利兰犬与贝林登㹴和斗牛㹴也有一定的亲缘关系。它原本是作为牧羊犬饲养的，后来既作为捕猎害虫、害兽用的犬，也作为养猪场或家庭的看守用犬饲养。在19世纪后叶，该犬开始成为展示犬，1922年被引入伦敦，同年在英格兰建立了第一个凯利兰犬俱乐部，接着不久，在爱尔兰成立了凯利兰犬俱乐部，凯利兰犬这个犬种也正式得到承认。

由于凯利兰犬的被毛具有迷人的蓝色及美丽的波纹，受到了许多人的喜爱。后来凯利兰犬成为爱尔兰国犬，并将其品种重新命名为"爱尔兰蓝犬"。

🦴 生活习性

凯利兰犬性情温和、憨厚，富有爱心，勇敢而机灵，有时有点儿冲动，但能自行控制，具有机警与果断的优点。

凯利兰犬步态轻快，善于奔跑，对主人很忠诚，易于训练，肯服从主人调遣。

它聪明活泼，但嫉妒心强，容易与其他犬发生冲突。

凯利兰犬因既有美丽的外表，又有忠于主人的性格，因此非常受人喜爱。它是一种多功能的犬，可作为陪伴犬和表演犬饲养，也可作为参展犬和护卫犬饲养。

🦴 驯养知识

凯利兰犬属于中型犬，身体比较高大，消耗量也比较大，所以在饲养中，每天需要肉类350～550克，另加等量的干犬饲料或饼干。肉类要先煮熟切碎，再和熟犬饲料加水调和后喂饲。

要注意饲料的新鲜和清洁，每次喂食前，都应把上次剩下的残余食物倒掉，再把盛器洗刷干净。

每天喂食要定时定点，并要限制它在15～25分钟内食毕，若不能在规定时间内吃完，就要将食具和食物收去，强迫其养成定时定点进食的良好习惯，要提供充足的清洁饮用水。

凯利兰犬是一种爱运动的犬种，每天要让它有一定的时间自由奔跑或外出散步。

它美丽光洁的被毛，要每天梳理，以保持被毛的清洁与光泽。

对饰毛应定期进行整理和修剪，一般每隔5～7天，就要整理修剪前肢的毛，将其修成直筒状；肢根的毛要修得稍短些，肢中的毛应稍长而蓬松，趾间的毛要修短，使其脚呈圆形。

后肢跗关节后方的毛要修剪成斜角，臀部的毛应有丰满感。

尾根要略粗些，尾端则应较细。耳缘的长毛及耳内的毛，也应适当剪短。眼角上的毛也要适当剪修，但面部的饰毛和胡须应保留，不可修剪。

春秋两季，应每周为它洗一次澡，夏天一般每隔3~5天洗一次澡，如遇闷热气候，就每天洗一次澡。

每隔3~5天要清除一次耳垢和眼屎。眼睛要用温水清洗。

新购进的幼犬，从一开始就要给予严格的训练，使其养成听从主人指唤和调教的习惯，在生活上养成爱清洁、到指定地点排便的习惯。

在喂养过程中，要时刻注意它的精神状态有无异常，食欲是否正常，大便干稀程度有无问题，鼻垫是否发热和干燥等，发现有不正常的现象，应立即采取措施。

选购技巧与健康指标	
1	肩高一般不宜超过48厘米
2	肩高和体长的比例要差不多，体形应略呈方形
3	头部应长而狭窄，门齿要求能作剪状咬合，鼻端要呈黑色
4	耳朵要折垂向头的前侧，折线处宜高于头顶，耳宜小而呈"V"字形，直立耳的不宜入选
5	眼睛不宜过大，颜色要深褐或黑色
6	胸要深而略宽，背应短直而强壮，腰要短而有力，腹部要向上收紧
7	前肢要挺直，立姿要好；后肢要肌肉发达、强壮；脚要小而圆，足垫要厚，爪要略拱且呈黑色
8	尾的根部要较高，长度适中，能坚挺向上直立
9	毛要密实丰厚而柔软如丝，光滑亮丽，丰盛而有波纹，并有较茂密的胡须；成犬的毛色应为深蓝色或浅蓝色
10	不选头部短宽、耳过大而竖直、牙齿咬合不正、下颌短、眼外凸且色黄的
11	不选躯干细长、四肢短、尾下垂、跗外展以及毛色非蓝色的
12	购买时，要向出售者索取有关技术资料及血统证书，预防接种证书，双方签字的转让证书等

美国可卡犬

- **肩高**：雄性一般为38厘米左右，雌性一般为36～37厘米。
- **体重**：一般为10～13千克。
- **头部**：头部圆而匀称，具有低垂的长耳，紧贴头部，披羽状长毛。
- **鼻部**：鼻梁清晰而明显，鼻段深凹，鼻端黑色或茶色。
- **吻部**：吻与颅部等长，上唇丰满厚实，下唇方而宽。
- **体形**：躯干短而结实，颈肌发达，腰部短而宽，臀部浑圆。尾为人工断尾，行动时不停摇动，兴奋时可上抬。
- **被毛**：被毛颜色多样，有黑色、棕色、浅红色等纯色的，也有杂色或具有杂色斑块的，还有黑色被毛上间有褐色斑纹的。

发展历史

美国可卡犬，又名美国可卡腊鹬犬、美国小猎犬、美国确架獚。

据有关资料记载：这种犬原是西班牙的一种猎犬，有陆猎犬和水猎犬两类。陆猎犬的体形有大、小之分。19世纪时，英国就有不少养犬爱好者饲养该犬，19世纪80年代传入美国，所以有些犬学家认为美国可卡猎犬是由纯血统的英国可卡猎犬培育繁衍出来的犬种。与英国可卡犬相比较，其体形较小，被毛更为丰厚，毛色也有所不同。

美国可卡猎犬最开始是一种捕猎鹌鹑的鸟猎犬，现在大多人家将它作为玩赏犬饲养。

1946年这种犬被美国养犬俱乐部承认为一个新的独立品种。

生活习性

美国可卡犬虽保持猎犬的特性，但对主人及其他人皆友善可亲，且喜欢和主人或小孩一起睡觉。它机灵、活泼，富有感情，性情平稳大方，不会有羞怯表现，听从主人指挥，奔跑敏捷迅速，充满活力，对陌生人也较友善。

美国可卡犬是猎犬中的小型犬之一，为猎犬中的优质品种，多被人们作为玩赏犬来饲养，颇受喜爱。

🦴 驯养知识

　　美国可卡犬的饮食中，肉类的供给应比其他犬种多，一般每天需供肉类250～350克，另加等量的犬饲料或饼干，并给予足量饮水。

　　在饲养管理中，要重视它的活动量，因为它原本是一种生活在野外的猎鸟犬。饲养此犬的人，每天最好要带它出去散步2～3次，一般可以早晨起身后带它出去溜达一次，傍晚或下午再带它出去走走。若长时间把它关在家里，没有足够的活动量，它会烦躁不安、神情呆滞甚至生病。

　　每天要用刷子（棕刷）或梳子为它梳刷被毛。美国可卡犬的胸部、腹部和腿部都有既长又密的被毛，常拖在地上，若不经常梳理，就会粘上灰尘和污垢，甚至板结成团，不仅影响美观，而且会让它受病菌侵害而患病。

除了为它经常梳理外，还要隔一段时间替它洗一次澡，可以水洗，也可以干洗。干洗做法：先喷撒上爽身粉或护发素，然后用梳子为它从被毛的根部至梢部进行梳刷，这样，既可保持它的被毛柔顺蓬松、不缠结，又可防止滋生虱子或细菌，使它健康活泼。

每隔一段时间，还要为它清除牙垢和耳垢，以及用犬用眼药水为它洗眼睛，防止五官产生疾病。平时还应经常注意它在进食、睡眠、步行等活动时是否出现异常，精神状态是否有失常，若发现有病，就应及时治疗。

美国可卡犬的训练也非常重要，不可任其自然发展，否则，容易养成它任性和固执的坏毛病。

选购技巧与健康指标	
1	体格要结实健壮，外貌要优美，精神要饱满，双眼要明亮，眼睛色泽要深暗端庄
2	颈下、腿部、腹下、尾部下面的被毛要长而丰满，柔润亮泽，像真丝般平顺
3	对人要友善可亲，能温顺地听从主人的指挥，不怀有恶意或进行攻击
4	头部要圆而匀称；嘴要带方形，吻部要宽润
5	眼睛大而圆，视物炯炯有神，观看周围事物时，眼转动灵活
6	双耳要像叶片般长而低垂，披有长而丰盈带波纹的羽状毛
7	躯干要稳健坚挺，短而结实，脊背微呈水平
8	头部的被毛应短，身体两侧及脊背部的毛长度中等；胸部、耳、腿毛须长如丝状，像围裙般拖及地面
9	尽可能向卖方索取犬的谱系史资料及卫生防疫检验证等证件

金色猎犬

肩高：雄性一般为56~61厘米，雌性一般为51~57厘米。

体重：体重雄性一般为29~37千克，雌性一般为27~32千克。

头部：头盖较宽。

鼻部：鼻额间有明显的凹陷，鼻端为深褐色。

吻部：吻部较阔而且强壮。

体形：耳朵为向下披垂的薄型耳，中等大小。眼睛褐色，神情温和，大小适中。颈部的长度中等，有较丰满的肌肉。尾巴较长，不卷曲，由尾根向尾端逐渐变小变尖，静止时下垂，运动时上举至与背相平。胸部较深，有饰毛。身体各部匀称，肋骨扩张有力，腰部及臀部结实有力。前肢直，肢骨结实，后肢强壮有力，四肢皆有丰满的肌肉，膝关节弯曲适宜，前肢后缘有美丽的饰毛。

被毛：全身有中等长度的被毛，毛较平滑、稠密，稍带波形。被毛大多为金黄色，也有奶黄色的。从总体看，全身披着金丝般的长毛。尾巴在活动中平举，蓬起美丽的须毛，极其优美可爱。

🦴 发展历史

金色猎犬又名金色衔物犬、金色寻回猎犬、金色寻回猎物犬、金丝陪伴犬。它多被用作帮助主人衔回猎物，所以又叫做金毛衔回猎物犬。

金色猎犬的来源有几种说法：第一种认为该犬由猎鹬犬与雪达犬交配繁殖而成；第二种认为该犬含有拉布拉多犬和俄国猎狼犬的血液；第三种认为该犬由黄色波纹毛的洛德威德莫斯衔回猎物犬与长毛水猎犬杂交后产生。

1918 年，英国伦敦成立了金毛猎犬俱乐部。由于该犬的外貌非常可爱，所以被广泛饲养，这个品种有了较大的发展。1920 年被称为金色猎犬，1952 年才得到人们的承认。现在此犬既能作为陪伴犬饲养，也能作为展示犬饲养。

🦴 生活习性

金色猎犬温和可亲，活泼可爱，动作敏捷，嗅觉灵敏，工作时有很强的耐力。

金色猎犬用途很广，能为主人寻找并衔回猎物，能训练成为导盲犬，也能在水中工作和活动。

它对主人很忠诚，见了陌生人也不畏惧，是一种机智勇敢的猎犬。

金色猎犬很适合老人、妇女、儿童作为伴侣犬饲养。经过一定的训练也可成为理想的展示犬。

选购技巧与健康指标

1	金色猎犬有两大特色：一是匀称的体形；二是金丝般的被毛。选购时首先应从这两方面考察是否符合标准
2	成年犬肩高不能与标准差距太大，过小的可能是发育不良，不宜选购
3	要仔细察看身体各部分是否大体符合该品种犬的标准要求
4	胸部应比较发达；前肢应较直，后缘有饰毛；后腿的肌肉丰满
5	眼睛周围要有黑色罩毛，并一直延续到耳部的为好
6	膝关节不能太直，也不能过度弯曲；脚趾应紧握而呈拱形
7	耳朵不能过大或过小，应下垂而不竖立
8	口吻不能细长无力，眼睛和鼻端应深褐色，颜色过浅则不符合标准要求
9	尾巴长度适中，且不卷曲，从尾根至尾端应逐渐变小变尖，并带有较长饰毛
10	被毛的长度要适中，不能太短。颈部有白色毛或脚趾上有白斑的，均属美中不足
11	被毛只能是金色或奶黄色，其他颜色不符合标准要求
12	一定要强壮健康，精神不佳、行动不灵、眼睛无神和有小毛病的都不能入选
13	选定购买时，应向卖主索取该犬的有关技术资料和各种证书，以防日后出现麻烦

萨摩犬

- **肩高**：雄性一般为51~54厘米，雌性一般为45厘米左右。
- **体重**：一般为23~30千克。
- **头部**：头部呈楔形，即上宽下窄型。
- **鼻部**：鼻端为黑色。
- **吻部**：嘴唇为黑色，嘴角上翘，像在微笑。门齿呈剪状咬合。
- **体形**：胸部深而宽阔，有弹性，背部肌肉发达，较平直，腹部不呈收缩状态。
- **被毛**：全身长有浓密的被毛。被毛长而直，粗而硬，不卷曲，有短而厚密的下层毛。被毛大多数为纯白色，有少数为淡褐色。

🦴 发展历史

萨摩犬又称沙摩艾特犬，又名萨摩耶特犬、沙摩犬。

沙摩艾特是生活在俄罗斯范围内，靠近北极地区的一个民族。几个世纪以前，这里的居民喜爱养犬，并用犬只来狩猎、拖运食物，此种犬是当地人生活中不可缺少的伙伴。来北极探险的阿伯鲁齐公爵，出于对这种犬的喜爱，就给该犬种冠以沙摩艾特之名。

萨摩犬具有典型的尖嘴犬的特征，据此分析推测，它可能与阿拉斯加雪橇犬、日本尖嘴犬、博美犬等为同一个祖先。

19世纪末，不少在北极地区探险的欧洲探险家，在返国的同时，把萨摩犬带回自己的国家。英国伦敦的第一只萨摩犬，就是于1897年由探险者带入的。

1909年，萨摩犬被引入英国，这就是萨摩犬进行选育的开始。

此后不久，英国成立了两个萨摩犬组织，即大不列颠萨摩犬俱乐部和萨摩犬联合会。从这以后，爱好饲养此犬的人日益增多。

现在，英国已有很多萨摩犬俱乐部，美国也有许多犬迷喜欢这种原产于俄罗斯

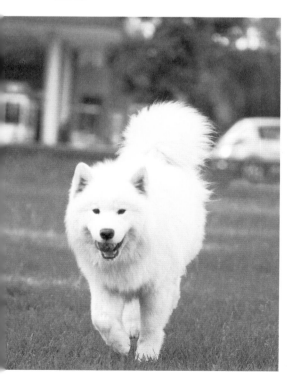

北部的名犬。

🦴 生活习性

  萨摩犬聪明开朗，勇敢耐劳，工作很卖力，对主人忠诚而有耐心。

  它对人很友善，脾气好，善解人意，但警戒心很强。过去它常被用来拉雪橇、运货物、猎鹿、驱逐狼群、保护羊群及家畜等，现在饲养者不仅将它作为运输用犬、守卫犬，而且也作为陪伴犬饲养。

🦴 驯养知识

  在饲料供给上，成年犬每天应喂肉类500克左右，并加等量的犬饲料或饼干。喂饲的肉类应煮熟、切碎，并与犬饲料拌和均匀，再加适量水调和后喂饲。每天喂

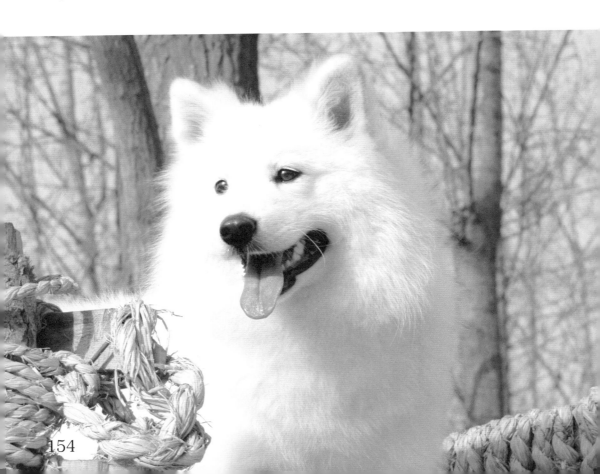

饲要定时定点，并限定15~25分钟内吃完，过时要将食盆端走，以养成良好的饮食习惯。饲料必须新鲜、清洁。食盆要经常洗刷。环境要定期消毒。还要足量供给干净的饮水。

萨摩犬需要有一定的活动量，每天早晨或傍晚可带它出去散步，也可带它去郊外或公园内溜达。运动过后，应及时给它梳刷被毛，清除毛上被污染的尘埃，以保持被毛的清洁和美观。要定期为它修剪脚爪，清理耳垢、齿垢及眼屎。定期用犬用眼药水为它洗眼，可以防角膜炎。

平时要注意它的精神状况、食欲情况及大便的形态。如发现异常情况，应及时找出原因，采取治疗措施。

选购技巧与健康指标
1	选购前，应阅读一些有关萨摩犬的资料，初步了解萨摩犬的外形特征和性格特点，然后运用这个标准去衡量选购对象各个方面的情况
2	检测萨摩犬的肩高极为重要，具体要求：雄性肩高不应低于51厘米，雌性肩高不能低于45厘米。幼犬因身体尚未发育成熟，不应按成年犬的高度来要求
3	萨摩犬的头部要呈楔形，即上阔下窄；脸部略长，口吻较长而尖，略似狐狸的嘴脸
4	耳朵要小而直立，耳根稍圆而且会灵活转动；眼睛要略呈卵圆形，较小而深凹，颜色深暗
5	性格应温和、友好、勇敢，善跑、勤于劳作，且有很强的耐力
6	要求身体强健，不带有任何疾病
7	尾巴应向上卷曲在背部一侧，并长有丰盛而漂亮的饰毛，不经过人工断尾
8	若耳朵过大而下垂，眼圆而突出，眼睛颜色太浅，都不符合此犬的外形特征，不应入选
9	若四肢细长，被毛很短且卷曲，毛色深而杂乱，都与萨摩犬特征不相符
10	萨摩犬是一种工作犬，身体必须结实而健壮，显示出工作犬应有的体形特征
11	当选定成交时，不要忘记向卖主索取该犬有关的技术资料及血统证明书、预防接种证明书、双方签字的转让书和7~14天健康安全保证书

德国狼犬

- 肩高：雄性一般为62厘米左右，雌性一般为58厘米左右。
- 体重：雄性一般为35～40千克，雌性一般为29～32千克。
- 头部：头部瘦窄，轮廓清晰。
- 鼻部：鼻端黑色。
- 吻部：口吻稍尖而强壮，唇部较薄而紧贴，门齿呈剪状咬合。
- 体形：胸部较深而不阔，躯干由前至臀部，明显较长，长比肩高。腹部较为收缩。
- 被毛：被毛长度中等，既直又密，伏贴于体肤之上，有一定的防雨能力。下层毛很丰厚，腰下部和臀部的毛厚度中等。被毛多为黑色、黑色中带有茶色，或黑色中带有浅黄褐色的，也有在前胸处带有小块白斑的。

发展历史

德国狼犬又名德国牧羊犬、德国狼狗、黑背犬、警犬、德国警犬等。

德国狼犬是当今世界上分布最广、用途最多、声誉最显赫的著名犬种之一，有"天然警犬"的称誉，可用于牧羊、看护家园、警卫、导盲和陪伴等，也常训为军犬或警犬。

德国狼犬起源于德国。关于它的来历，有几种不同的说法。第一种认为它是由各种牧羊犬杂交而成的；第二种认为它是由牧羊犬与狼犬杂交后育成的；第三种认为它源于 6000 年前青铜器时代的艾尔沙奇亚犬。但这几种说法都没有确切的依据可供查考。

不过，有资料说明：在 7 世纪时，德国就已经有这种类型的牧羊犬，只是毛色较淡，到 16 世纪时，毛色才明显变深。

生活习性

德国狼犬有勇敢、诚实、稳健、服从性强的特点，更有坚强、凶猛、机警、好斗的特性。它举止自然，容易接受训练，有"天然警犬"的美誉，是经过多年选育和品种纯化而成的结晶。

德国狼犬，具有护卫用犬、追踪用犬和军警用犬的特有品质。德国牧羊犬协会会对这种犬进行严格的考核和鉴定，只有精神力很强，且具有自信心、性格稳重而沉着的，才能通过考核，被承认鉴定合格。

饲养者必须懂得：犬的性格是可以通过环境影响、人工培育而改变的。让犬有机会经常熟悉各种不同的环境，使其有丰富的经历，对于犬只形成良好的性格是十分重要的。在训练和饲养中，要经常带犬到广阔、狭窄、冷静、热闹以及繁纷喧闹等各种复杂的环境中去经受锻炼，这可以帮助它克服胆小和畏怯陌生人等弱点，加强其无所畏惧、处事不乱、勇往直前的优越性，使这种犬可以作为警犬、军犬、救生犬、牧羊犬、导盲犬、看家犬、护卫犬饲养，成为万能的工作犬。

驯养知识

对于一只优秀的德国狼犬来说，保持其身体健康是最重要的，因而必须有正确的饲养方法，给予精心的照料和护理。

对于这种犬的喂饲，做法应不同于其他犬类。成年犬每天喂一顿就够了，不能像喂其他犬那样少量多餐。每天喂饲要定时定点，切忌在紧张训练前喂食。因为饱食后进行如气味追踪等训练，它就不会表现出高度的兴奋，使训练效果打折扣。

喂饲的时间，最好放在傍晚，这样既不影响训练，又可借这个时间让它排便，以保持犬舍的清洁卫生。但是那些身体超重的成年犬，最好在每天早晨喂饲，这样可以通过白天的紧张训练活动促使其减肥。

在饲养中应注重营养的摄入，在饲料中，含蛋白质高的鱼类或肉类应占一半的分量，另一半则应是犬饲料和蔬菜，及其他富含矿物质和维生素的食物。德国狼犬对动物的骨头很有兴趣，不妨提供一些，其好处是既能引起犬的食欲，又能保护犬牙，更能促进犬的唾液分泌，帮助其消化。

要重视饮食的清洁卫生，食物一定要新鲜，吃剩的食物，不要留作下次再喂。饮水一定要清洁，每天需足量提供。食槽水盆天天要清洗，尤其是炎热的夏天。还要保持犬体的清洁卫生，应经常用梳子或毛刷梳理被毛。首先，最好用手替犬反复搓擦，这有助于血液循环，对被毛新陈代谢有利。搓擦过后再用梳子梳刷，把脱下的毛清除干净。最后用丝绒或麂皮顺着毛向擦，以使被毛光洁亮泽。

每隔一段时间，要为它洗澡，尤其是炎热的夏天，隔3~5天就应洗一次澡，以清除身上的灰尘、污垢，保持犬体干净卫生，不致滋生寄生虫。洗澡的水温不宜过高，一般在30~35℃之间即可。

每隔3~5天，还要为它清除一次耳垢、牙垢和眼屎。每隔1~2个星期要用犬用眼药水为它洗眼，保证它不患眼病。

它的脚爪也要隔几天修剪一次，过长会影响行走。

如果发现它常用爪抓搔耳朵，很可能患上了耳炎，要立即进行检查，必要时应请医生诊治。

犬患病时，鼻垫变化较为明显。在正常情况下，它的鼻垫清凉而湿润。若发现它的鼻垫很干燥或发热，就表明它已患病，应及时作针对性治疗。

平时要注意犬的毛色，特别是胸和腿部内侧的毛色。如毛色变淡，尾尖变红，都属于患病迹象。

选购技巧与健康指标	
1	德国狼犬的选购时期，在幼犬生后40天最为合适。因为德国狼犬出生后40天，其体形已发育到和成年犬差不多，不会再有大的变化了，所以一般都应在犬出生后40天去选定和预购
2	按照德国狼犬应有的标准来检查犬身体的各个部分，首先是肩高与体长的比例是否为8：10左右，雄性的身材，可以稍长一些
3	被选中的德国狼犬，应该是身体健康、活泼兴奋、天真大方、食欲旺盛、两眼有神、无眼屎、不消瘦、鼻垫湿润而凉快，被毛紧贴身体、光泽柔顺的
4	它的性格要符合该犬种的各项特性，如勇猛、机警、好斗、自信心强、见生人不胆怯，有良好的精神力等
5	测试性格时，可观察它见陌生人是否惧怕，能不能自觉地和人一起游戏；对发出的声响或晃动的物体，它会不会敏锐地做出反应；投掷物件给它时，会不会感兴趣；有没有渴求与人嬉戏的表现以及与其他犬共同嬉戏的兴趣
6	典型的毛色为黑背黄腹，有的前胸有白斑，背部毛一般为黑褐色，狼灰色者也有，但很少；口吻周围以黑色的为佳
7	眼睛的颜色以深浓的为上品，眼形以杏仁形为好；耳朵以直立的为优；尾巴以马刀式下垂的为好，尾巴上举的高度不应超过背水平线
8	头要求楔形，即上宽下窄而较长；雄性口吻要宽大，不宜过于细长；上颌门齿应覆盖下颌门齿前端的1/3，门齿似剪刀状咬合
9	胸深要达到肘部，膝盖部稍曲，腹部稍收；雄性要看得见两侧睾丸，不应是隐睾或单睾丸
10	四肢应较健壮，步态要稳妥自如，挑选时应让它活动，如跑了几步后，后肢就合并在一起跳跃，即可能有伤
11	选定之后，要向卖主索取饲养管理技术资料、血统证书、买卖双方签字的转让书，以及7～14天健康安全保证书

大麦町犬

- 肩高：雄性一般为55～60厘米，雌性一般为51～56厘米。
- 体重：雄性一般为22～25千克，雌性一般为20～23千克。
- 头部：头大而宽平。
- 鼻部：鼻端颜色一般为黑色或棕色，随毛颜色而定，并有栗色或猪肝色斑点。
- 吻部：吻部长而有力，颧颥部明显，额段适度，唇薄。
- 体形：胸深适中，肋深而略带弯曲，腰、背强健有力，全身肌肉丰满而结实。
- 被毛：被毛短、硬、稠密而平滑，富有光泽。被毛以底色纯白者较多，并带有黑色或红褐色斑点。黑斑品种的斑点多为浓黑色；红褐斑品种斑点多为棕红色。斑点多为圆形，斑点越多者越有价值。头部、口吻部、四肢、耳部、尾部及足部的斑点，比躯干的斑点小。

🦴 发展历史

大麦町犬又名达尔马提亚犬、斑点犬、马车犬和大丹麦犬等。

大麦町是南斯拉夫的一个地区，由于该犬原产于此，并受到人们的喜爱，于是为该犬冠以地名，称作大麦町犬。因有人把这个地区翻译成达尔马提亚，所以这种犬也叫达尔马提亚犬。

大麦町犬是一个非常古老的犬种，在历史上，这种犬在英国曾被称为马夫犬，在法国曾被叫做小丹犬，在瑞典曾被称为斑点犬。18世纪中期，才被称为大麦町犬。

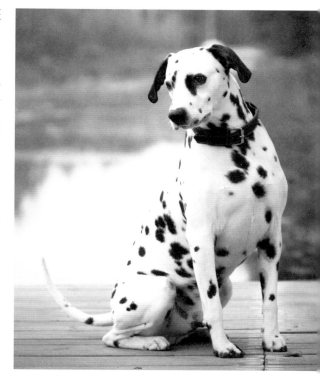

在18世纪，这种犬被普遍作为拖曳犬和狩猎犬饲养，与当地著名的孟加拉波音达犬有不少相似之处。

19世纪时，此犬在英国广为饲养，并逐渐失去了拖曳和狩猎的技能，成为了伴侣犬。

第二次世界大战之后，由于这种犬具有出色而诱人的被毛，在欧洲各国越来越受人欢迎。

1959年，华德狄斯奈以大麦町犬为主角，创作了动画片《一零一忠狗》之后，这种犬成为了家喻户晓的名犬，风靡世界各国。

🦴 生活习性

大麦町犬聪明伶俐，行动敏捷，富有生气。它生性好静，温顺，脾气很好，易于训练，喜爱主人，也喜欢和小孩子嬉戏。

大麦町犬记忆力很强，行走时步态自如，奔跑迅速。

过去曾被作为马车犬、拖曳犬和狩猎犬饲养。因它有漂亮的外表，所以深受人们喜爱，现在多作为玩赏犬或看门犬饲养。

🦴 驯养知识

大麦町犬个体较大，加上它原是拖曳犬和狩猎犬，比较爱活动，因而食物的消耗量也比较大，所以饲料的供给应比其他犬种多。

在每天的食物中，应含有肉类制品500克左右，并加等量的饼干或犬饲料。肉要煮熟、切碎，与犬饲料料混合，加适量水调和后喂饲。饲料一定要新鲜而干净，饲具要经常洗刷，并进行消毒。

喂饲要定时定点，限定在15～25分钟吃毕，到时将余食和食具一起收走，迫使它养成定时定点进食的良好习惯。

每天还应供给足量的清洁饮用水。

大麦町犬是一种有生气、爱活动的犬类，每天应带它出去散步或让它在院内奔跑。

每次运动后，要用刷子为它梳理被毛，除去粘在毛上的污物和灰垢，再用丝绒或柔软的毛巾为它擦拭，以保持光洁美观。还应定期为它洗澡，天凉时每隔10～15天洗一次，天热时每隔3～5天洗一次。

每隔3～5天，要为它清除耳垢、齿垢和用犬用眼药水清洗眼睛，以防患角膜炎等眼疾。还要定期为它修剪脚爪。

平时要对它进行调教和训练，使它养成不撕衣物、窗帘和沙发布的习惯，养成听从主人指挥和爱清洁卫生的习惯，特别是定点排便、不随地大小便。

在饲养中，要留心观察它的饮食、行为等各种表现和状态，一旦发现有病应立即治疗。

选购技巧与健康指标	
1	在选购之前，要先参阅一些关于大麦町犬的介绍资料，了解大麦町犬的外形特征和性格特性，以便心中有数
2	大麦町犬的体形框架，应为方形
3	头形应略长，吻部应稍长，鼻端应为黑色或棕色，嘴唇要薄，牙齿应呈剪式咬合
4	耳根较高，耳片柔软而薄，长而稍圆，贴挂于头部两侧，耳上应有不少斑纹
5	眼睛要圆而亮，目光应炯炯有神，眼部以黑色或棕色为好
6	胸部深而稍宽；背和腰要强健有力，丰满结实而呈拱形；腹部明显上收
7	前肢应直而坚实，后肢应肌肉较发达而结实；脚要小，近于猫的脚型，足垫有较强弹性
8	尾部尾根较粗，尾梢渐细，尾巴光滑而略向上弯曲，但不卷，为剑状尾型
9	若被毛柔软呈丝状，非白色，斑点密集而又不呈圆形或椭圆形，则不符合大麦町犬种的特征
10	乱吠乱叫，行动迟钝，两眼无神，尾悬垂而尾端不微举，体质消瘦的，不宜选购
11	应向卖主索取有关技术资料、血统证明书、防疫注射证书、双方签字转让书等证明，选购时应慎重

古代牧羊犬

- **肩高**：一般为55～58厘米。
- **体重**：一般为26～35千克。
- **头部**：头部呈圆形，头上的毛盖住双眼，使人不易看出它的表情。
- **鼻部**：鼻端黑色。
- **吻部**：门齿剪状咬合。
- **体形**：身体比较结实、粗壮，胸围较大，背圆，腰腹粗健，腰部常高于肩部。
- **被毛**：被毛坚硬而丰厚，不卷曲，呈波浪形；有绒毛层，绒毛光滑而有油质，能防雨淋。被毛有灰色、浅蓝色，有的有白斑。

🦴 发展历史

古代牧羊犬又称老英国牧羊犬、旧种英国牧羊犬、截尾犬、缺尾犬、无尾牧羊犬、古英国牧羊犬等。

古代牧羊犬出生时就没有尾巴。因此，在欧洲大陆被称为"缺尾犬"。而"老英国牧羊犬"这个名字首先出现在盖恩斯巴罗的一幅肖像画中。

犬学家沃森研究认为，古代牧羊犬的繁育始于1800年，至今只有200多年的历史。其来源有两种不同的说法：一种说法认为，此犬种是由英国当地的猎犬与俄国高加索的长毛牧羊犬杂交而育成，与高加索长毛牧羊犬为同一个血统；另一种说法认为，此犬种是200多年前，由被带到英国的欧洲牧羊犬与当地牧羊犬杂交而成，是一种新的混血犬。

1865年，古代牧羊犬第一次参加了犬展。1888年，建立了古代牧羊犬俱乐部。俱乐部致力于保持这个品种的纯一性，不使其血统杂乱。到了20世纪初，这个犬种就已获得很高的声誉，在世界范围内繁育开了。

🦴 生活习性

古代牧羊犬聪明、机智、勇敢、有耐心，具有控制羊群的能力。

这个犬种，会服从主人的命令和指挥，对儿童也很友善与宽容。

古代牧羊犬通常作为牧场的守卫犬、牧羊犬、看家犬和引路犬饲养。由于古代牧羊犬性情温顺，体姿优美，步态自如，受人喜爱，又被广泛地作为玩赏犬饲养。

🦴 驯养知识

在饲料中，每天应含肉类500克左右，再加麦片或米面、玉米面等同样分量的素饲料。

肉类要先煮熟，切成小块，加入少量水与熟的素饲料调和后喂饲。饲料必须新鲜、卫生。

喂饲要定时定点，限定每次要在15~25分钟内吃完，到时应立即将食物取走，强迫它养成定时进食的好习惯。每次进食后，要为它抹去口吻周围的残食，以保持整洁和美观。

每天应提供足量的清洁饮用水。

食槽等餐具要及时清洗干净，保证清洁卫生。尤其在夏天，不能把上顿吃剩的食物留作下一顿再喂，以防引起疾病。

古牧犬喜爱运动，无论作为看守犬还是作为玩赏犬，每天都应让它外出散步或让它在庭院内奔跑，时间最好是早晨和傍晚各一次，每次30~40分钟。

此犬是长毛犬，因此，每天要给它梳理被毛。用梳子或硬毛刷，从毛根梳至毛端，反复地梳几次，以使被毛松散柔软，不打结。每次活动以后，要及时清除粘在被毛上的污渍和灰尘，并定期为它修剪脚爪。

在春秋两季，每隔2~3个星期，要为它洗一次澡；夏天要增加洗澡次数，既使不能做到天天洗，也应隔3~5天洗一次。每次洗澡后，要及时把毛上的水分擦干再用电吹风吹干，以防感冒。

平时，每隔3~5天，要为它清除一次耳垢和脚趾缝间的污物。并要用温开水为它洗眼，防止患眼病。

刚带回家的幼犬，就要对它进行调教和训练，使它懂得不用牙和爪撕扯衣服、床单等物品。特别要让它养成讲究清洁卫生与定点排便的习惯。

在喂养的过程中，要经常注意观察犬的精神状态、鼻垫的干湿及凉热等情况，一旦出现不正常的情况，应及早诊治。

	选购技巧与健康指标
1	在选购前，最好阅读一些与古牧犬有关的资料，对古牧犬的外形特征和性格特点有个大致的了解。选择时可按标准逐项对照，做到八九不离十
2	古牧犬的肩高和体重，应与该品种的标准大致相符，超过或低于标准太多的，不宜入选
3	头部应呈圆形而不是狭长形，头骨要较宽而不可太窄；鼻端要呈黑色而不是浅色；门齿要剪状咬合而不是难以合拢
4	耳朵要小且紧贴头侧而不应竖起，要有较丰盛的耳毛而不应光秃秃地显露出耳廓
5	眼睛的颜色应呈暗褐色等较深的颜色而不应为其他颜色
6	身体应结实健壮而不瘦弱，胸围应宽大而不狭窄，背和腹部应粗而强壮
7	腿部应有较丰厚的被毛，而不能稀疏或光裸，肌肉应饱满、强壮有力而不可瘦弱不堪
8	被毛要丰厚，毛长而呈波状；毛色应是蓝色或灰色，但有的可以有白斑。被毛薄或短，或毛细而卷曲的都不符合本品种的标准
9	骨骼要粗而坚实，不可选骨架纤细的；站立时，立姿应是端庄而优美的；吠叫声应是响亮的
10	要向卖主索取本品种犬的饲养管理技术资料、血统证明书，买卖双方签字的转让书，并应要求卖主出具7~14天健康安全保证期书

苏格兰牧羊犬

- **肩高**：小型的一般为30~41厘米；大型的一般为51~61厘米。

- **体重**：小型的一般为6~7千克；大型的一般为18~29千克。

- **头部**：头部呈长而钝的楔形，头盖平坦，并向眼的方向逐渐变窄，两耳间距适度，额段分明。

- **鼻部**：鼻梁笔直，渐渐变细，鼻端呈黑色。

- **吻部**：口吻较长但不很尖，唇部不下垂，牙齿呈剪式咬合。

- **体形**：胸部稍深，背结实、平直而肌肉丰满，肋骨略为扩张，腰部略呈拱形，腹略内收。

- **被毛**：被毛为双层，上层毛长而粗，下层毛柔软而细密。颈部、尾部及腿部的毛丰盛，有绒毛层，并有鬃毛。但短毛的苏格兰牧羊犬则无绒毛层。被毛有浅黄褐色或黑、白及浅黄褐色三色混合的，也有蓝灰色的。

🦴 发展历史

苏格兰牧羊犬又名小型苏格兰犬、特兰犬、柯力犬、柯力牧羊犬、设得兰牧羊犬等。

苏格兰牧羊犬因原产于苏格兰东北部的雪特兰岛而得名。

该犬的祖先，可能含有苏格兰长毛牧羊犬（又名柯力犬）、古老的边界牧羊犬和当地土种犬的血统。

据说，约在 1860 年时，维多利亚女王在一次旅行中偶尔发现了它，并对它赞美有加，这就大大提高了此犬的知名度，引起了人们的关注和兴趣。

当时的苏格兰牧羊犬被称为苏格兰柯力犬，是一个黑绵羊品种的名字。

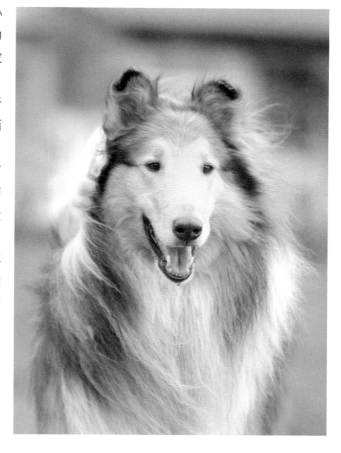

苏格兰牧羊犬第一次展出，是在1880年在伯明翰举行的犬展上。后来，曼彻斯特市成为养犬行家们的集中地，英国北部与中部的牧羊犬俱乐部都设在曼彻斯特，于是短毛柯力牧羊犬俱乐部也建立在曼彻斯特。

1908年，雪特兰岛成立了该犬种的俱乐部，不久苏格兰和英国本土也相继成立了苏格兰牧羊犬俱乐部。

1911年，该犬被引入美国后，深受饲养者的欢迎。但到了20世纪30年代，这个品种被冷落，连在英国也很少展出。但该犬与俄国波尔索耶狼犬杂交后，这个品种重新获得了一定的地位。

目前，苏格兰牧羊犬已遍布美国和欧洲各国，它不仅被作为牧羊犬饲养，而且被作为玩赏犬和守卫犬饲养。

🦴 生活习性

苏格兰牧羊犬聪明伶俐，有较高的智商，活泼好动，富有魅力，容易训练，服从命令。

苏格兰牧羊犬对主人忠诚，但对陌生人存有戒心，警惕性高。它行动敏捷，十分活跃，行走时常呈蹦跳式，步态优美。

苏格兰牧羊犬在历史上是作为农场犬饲养的，现在已成为富有魅力的伴侣犬和守卫犬，能出色地担负起看家的职责。

🦴 驯养知识

苏格兰牧羊犬是一种比较活泼好动的犬，热量消耗比较大，因而喂饲的食物应充足一些。

苏格兰牧羊犬有大型和小型之分，在食物的喂饲量上，应根据其个体的大小而有所不同。

在每天的饲料中，大型犬需肉类500~600克，小型犬需肉类350~400克。

肉类应先煮熟、切碎，再用等量的犬饲料或饼干（不含糖的）加适量水调和后喂饲。原料，特别是肉类，必须新鲜、清洁，食槽等餐具必须经常清洗，犬舍要经常打扫和消毒。

喂饲要定时定点，并限在15~25分钟内进食完毕，到时即把食槽和食物取走，以养成定时定点进食的良好习惯。

每天要提供足量的干净饮用水。

苏格兰牧羊犬是一种比较喜欢活动的犬种，所以每天要让它有一定的时间活动，保证有足够的运动量。可让它在室内自由活动，或带它出去溜达。能做到早晚各活动一次最好。

为保持被毛洁净，每天都要为它梳理被毛，梳去粘在毛上的污物与尘埃。可以用木梳，也可以用毛刷。每次梳过以后，还要用丝缎或毛巾将它的被毛擦拭一番，使毛更加柔顺而有光泽。

春秋两季，每隔2~3星期应给它洗一次澡；炎热的夏天，应隔1~2天洗一次澡。洗完澡后，要立即用干毛巾擦干毛上水分，再用电吹风吹干，以防受凉感冒。

每隔3~5天，要为它清除1次耳垢、牙垢、眼屎和脚趾缝中的污垢。还要用犬用眼药水洗眼，防止眼睛发炎。脚爪也应隔几天修剪一次。

平时要经常对它进行调教和训练，训练它服从命令听指挥，不胡乱吠叫，养成保持清洁卫生，定点排便以及不用爪和嘴撕拉衣物、沙发等好习惯。

在饲喂的过程中，要仔细观察它的精神状态、食欲情况、大便的形态及鼻垫的干湿和凉热等，发现有病，应立即采取治疗措施。

选购技巧与健康指标

1	初养者在选购幼犬之前，最好先参阅一些介绍资料，初步了解它的外形特征和性格特点，以便在选购时心中有数
2	幼犬月龄不宜过小或过大，选2~3个月龄的最合适
3	要选购精神饱满、双眼有神、外貌美观、无任何疾病的健壮幼犬，千万不能选同窝中个体最小的犬，因这种犬往往先天不足，日后难以养好
4	要选体形基本符合本品种各项特征的，具体要求如下： ①头盖平坦，头如楔形，吻不尖，鼻色黑，门齿剪状咬合 ②耳小、眼小，两者皆为深栗褐色 ③胸深而背部结实，具有狮形背 ④四肢直而强劲有力，脚呈卵圆形，跗关节较低 ⑤尾根位置低，尾部长毛如旗状，平时下垂，兴奋时能上扬 ⑥有双层被毛，上层毛长而粗，下层毛柔软而细密，胸部、颈部饰毛丰厚 ⑦毛色应浅黄褐色、黑白、蓝灰或黑、浅黄褐色、白三色混合 ⑧善于奔跑，步态轻盈，灵活、敏捷而自如
5	确定购买时，一定要向出售者索要该犬品种的血统证书和有关的技术资料，因为这些证书和资料对今后的饲养管理和参加繁育有重要的参考价值。如了解选购对象的父本和母本血统，在配种时可以避免近亲交配，以免繁殖出劣种犬。此外，还应索要预防注射证书，以及买卖双方签字的转让证书等

第四章

狗狗常见疾病防治

狗狗容易患哪些寄生虫病？

狗狗易患的寄生虫病有多种，常见的有：绦虫病、钩虫病、鞭虫病、蛔虫病、肝吸虫病、旋毛虫病、犬疥螨病、眼虫病、黑热病、恶心丝虫病、球虫病、肺吸虫病、弓形虫病、犬虱等。由于这些寄生虫病不仅对狗狗的生长发育和健康有影响，而且有些寄生虫还会感染到人的身上，因而，一旦查明狗狗患有某种寄生虫病，就应积极为狗狗进行驱虫治疗，不能拖延或不以为意。

绦虫病有什么症状？如何诊断和防治？

症状：便秘、下痢、腹痛、呕吐、贪食、异嗜

绦虫是寄生在狗狗小肠内的寄生虫，对狗狗的健康危害很大。

症状

这种寄生虫病，可从口或皮肤感染。临床上表现为便秘、下痢、腹痛、呕吐、贪食、异嗜等症状交替发生，进而引发贫血、消瘦、易激动、精神沉郁、痉挛或四肢麻痹等症状，虫体成团时，会堵塞肠管，导致肠梗阻、肠套叠，甚至肠破裂等急症。

预防

平时要注意狗狗生活环境的清洁卫生，消灭传染源。狗狗外出时要戴上口罩，防止狗狗取食带有绦蚴的未煮熟的动物脏器。还要保持狗狗身体和犬舍清洁，定期给狗狗进行体内外驱虫，犬舍也要定期消毒。

治疗

用吡喹酮3.5~7毫克/千克体重，1次口服。或氢溴酸槟榔素1.5~2.5毫克/千克体重，1次口服。

钩虫病有什么症状？如何诊断和防治？

症状：消瘦，被毛粗刚而无光泽、易脱落，食欲减退，异嗜

钩虫病是狗狗比较多发而且危害严重的寄生虫病。钩虫主要寄生在狗狗的十二指肠内。此病多发于夏季，狭小、潮湿的犬舍最易发生。此病的起因是狗狗直接接触了钩口线虫而感染，从而引起消化功能紊乱等一系列的疾病。

症状

成年狗狗感染少量钩虫体时，症状不明显；幼犬严重感染时，即出现黏膜苍白，消瘦，被毛粗刚而无光泽、易脱落，食欲减退，异嗜，呕吐，消化障碍，下痢和便秘交替发作等症状。病犬粪便带血或呈黑色，严重时如柏油状，并带有腐臭气味。幼犬可出现皮肤发炎、奇痒、破溃，以及口角糜烂等，直至严重贫血而昏迷甚至死亡。

预防

犬钩虫病多发于夏季，如犬舍潮湿不通风更易发生。平时必须保持犬舍干燥，及时清除粪便。若是木笼舍，可用开水烫浇，铁制笼舍或地面可用喷灯喷烧。能搬动的用具，可移到室外阳光下暴晒，以杀死虫卵。

治疗

用浓度为4.5%的碘硝酚注射液，10毫克/千克体重，作皮下注射，对各种钩虫的驱虫效果近乎100%。给药时不必禁食，不会引起应激反应。也可用于幼犬。

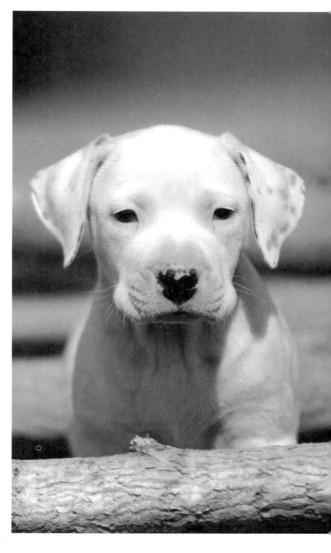

🦴 鞭虫病有什么症状？如何诊断和防治？

症状：急慢性肠炎、狗狗粪便中可查出大量虫卵

鞭虫病是由狐毛首线虫寄生于狗狗盲肠而引起的，主要危害幼犬，严重感染可致狗狗死亡。

😺 症状

一般感染不呈现临床症状，严重感染时，由于虫体头部深深钻入黏膜内，则会引起急性或慢性肠炎。因虫体吸血，可导致感染的狗狗贫血。患病的狗狗粪便中可查出大量虫卵，盲肠内可查出大量虫体。

😺 预防

做好犬舍的清洁卫生工作，因该虫卵有对干燥环境敏感的特性，保持狗狗生活环境清洁干燥，可减少感染机会，预防效果好。

😺 治疗

奥克太尔为驱除鞭虫的良药，用量为2毫克/千克体重，口服。或用甲苯咪唑20毫克/千克体重，口服，每天2次，连喂3～5天。

🦴 蛔虫病有什么症状？如何诊断和防治？

症状：缺乏食欲、癫痫性痉挛、呕吐

此病是由犬蛔虫和狮蛔虫寄生于狗狗小肠和胃内而引起的，主要危害1～3月龄的幼犬，影响幼犬的生长和发育，严重感染时可导致幼犬死亡。

😺 症状

幼犬感染蛔虫病后，会逐渐消瘦，黏膜苍白，缺乏食欲，呕吐，异嗜，出现消化障碍，先下痢而后便秘。有时可出现癫痫性痉挛、幼犬腹部膨大、发育迟缓。感染严重时，呕吐物和

粪便中可见蛔虫成虫。

预防

做好环境、食物的清洁卫生工作，特别要及时清除粪便，并进行消毒处理。幼犬每月检查一次，成年犬每季检查一次，发现有寄生虫病，立即进行驱虫治疗。

治疗

用左旋咪唑10毫克/千克体重，口服。或用甲苯咪唑10毫克/千克体重，每天服2次，连服2天。或用枸橼酸派嗪100毫克/千克体重，口服。

肝吸虫病有什么症状？如何诊断和防治？

症状：消化不良、下痢、消瘦、黄疸

肝吸虫病的病原体主要为中华支睾吸虫，寄生于犬胆囊及胆管内。

症状

此病在以生鱼、生虾喂食的狗狗中最易发生。临床上出现消化不良、下痢、消瘦、贫血、黄疸、水肿等症状时，可疑为此病。采用水洗沉淀法或甲醛乙醚沉淀法进行粪便检验，发现虫卵，即可确诊。

预防

禁止以未煮熟的鱼虾喂犬。

治疗

确诊为此病后，应使用吡喹酮 50～75 毫克/千克体重，1次口服。或用六氯对二甲苯，口服量为50毫克/千克体重，每天1次，连用10天。

🦴 旋毛虫病有什么症状？如何诊断和防治？

症状：发热、肌肉疼痛、水肿

　　旋毛虫病是一种严重的人兽共患寄生虫病，有100多种动物可感染上这种病，包括肉食动物、杂食动物、啮齿动物和人类。家畜中主要以猪和狗感染者最多。在我国东北三省旋毛虫感染率较高。

😺 症状

　　患上这种病的狗狗，临床表现为发热、肌肉疼痛、水肿。但自然感染的狗狗症状较难发现，生前诊断较困难。采取肌肉做活体检查或用酶联免疫吸附试验以及用间接血凝试验，可查出此病。

😺 预防

　　关键是搞好犬舍卫生，消灭鼠类，若犬舍附近有死亡的动物，应将其尸体烧毁或深埋。禁止随意抛弃动物尸体和内脏。对检出有旋毛虫的尸体，应按规定处理。

😺 治疗

　　可用阿苯达唑治疗。用量每日按25～40毫克/千克体重，分2～3次口服，5～7天为一个疗程。

犬疥螨病有什么症状？如何诊断和防治？

症状：皮肤发红、出现红色小结节，接着变成水泡

犬疥螨病又叫犬疥癣，是由犬疥螨或犬耳痒螨寄生所致，其中以犬疥螨危害最大。此病广泛分布于世界各地，冬季为多发季，常见于皮肤卫生状况很差的狗狗。

症状

犬疥螨病以幼犬症状最为严重。此病通常先发生于鼻梁、颊部、耳根及腋间等处，后扩散至全身。起初皮肤发红、出现红色小结节，接着变成水泡，水泡溃破后，流出黏稠黄色油状渗出物，干燥后形成鱼鳞状痂皮。患部剧痒，患病的狗狗常以爪抓挠患部或在地面以及各种物体上摩擦，因而出现严重脱毛。

耳痒螨寄生于狗狗的外耳部，使耳脂和淋巴液大量外溢，接着发生化脓，剧痒，使患病的狗狗不停地摇头、抓耳、吠叫，在器物上摩擦耳部，甚至引起外耳道出血，后期可能蔓延头部及其他部位。

预防

1. 犬舍要经常打扫，定期消毒，饲养狗狗的各种用具、餐具也应定期进行消毒。

2. 犬舍应设在宽敞、干燥、通风良好的环境中。

3. 对外来犬要加强检疫，防止带入患病的狗狗，引发传染。

4. 患病的狗狗要隔离饲养，已治疗痊愈的狗狗，也应隔离几个星期后，才能和健康的狗狗混养。

治疗

犬疥螨病应先用温肥皂水刷洗患部，除去污垢和痂皮，再用浓度为 5×10^{-5} 的溴氰菊酯溶液（商品名为倍特的5%溴氰菊酯乳油）进行涂擦。或用浓度为 $1.25 \times 10^{-4} \sim 2.5 \times 10^{-4}$ 的巴胺磷溶液（商品名为赛福丁）涂擦。

治疗狗狗耳痒螨时，应先向耳内滴入液状石蜡，轻轻按摩，以溶解并消除耳内的痂皮，再用研细的雄黄10克、硫黄10克和烧开的豆油100毫升调和，冷却后进行涂擦。

在治疗的同时，应以上述杀螨药彻底消毒犬舍和用具，每隔3~5天消毒一次，连续消毒3~4次即可消灭犬螨幼虫。

🦴 眼虫病有什么症状？如何诊断和防治？

症状：结膜充血，眼球湿润，怕光流泪

眼虫，就是结膜吸吮线虫，寄生于眼结膜囊和瞬膜下，为乳白色的细小线虫，有7~17毫米长，靠蝇类作为中介寄生传播，一般在春、秋季气温适中时较易发生。

😺 症状

初发眼虫病时，可见结膜充血，眼球湿润，怕光流泪。中期，有黏性分泌物流出，结膜囊和瞬膜下出现密集的谷粒状小囊泡。患病的狗狗不时用爪子抓蹭眼睑部，并反复摩擦颊额部，上下眼睑频频启闭；眼球明显凹陷，角膜浑浊。后期，眼睑黏液增多，视力减退，形成溃疡。

😺 预防

1. 注意不让自家狗狗与生病的狗狗接触。

2. 犬舍应经常打扫，保持环境清洁、干燥、通风、透光，并定期进行清理消毒。

3. 平时每隔5~7天，以消毒脱脂棉蘸取犬用眼药水为狗狗洗眼，在周围有狗狗感染发生此病时，应增加洗眼次数，每隔1~2天洗一次。

😺 治疗

用去掉针头的注射器抽取浓度为5%的盐酸左旋咪唑注射液2毫升左右，徐徐滴入患病的狗狗眼角内，再用手轻轻揉一会儿；然后翻开上下眼睑，用镊子夹起灭菌湿纱布或棉球轻轻擦拭黏附眼内的虫体，直至全部清除干净；再用生理盐水缓慢地反复冲洗患眼，并用药棉吸干，最后涂上四环素眼膏或红霉素眼膏。

黑热病有什么症状？如何诊断和防治？

症状：病发时有缺乏食欲、精神萎靡、消瘦、贫血及嗓音嘶哑等症状

黑热病是由寄生在犬内脏的杜氏利什曼原虫引起的，人兽共患的慢性寄生虫病。因传染源的不同，黑热病可分为三种类型：人源型、犬源型和野生动物源型。其中以犬源型最多，该型黑热病多见于丘陵山区，分布于青海、宁夏、甘肃、川北、冀北、陕北、辽宁和北京等地。

症状

此病有数周、数月，甚至一年以上的潜伏期。早期没有明显症状，晚期则常出现皮肤损害，表现为脂毛、皮脂外溢、结节和溃疡。病灶以头部五官各处最为明显。病发时有缺乏食欲、精神萎靡、消瘦、贫血及嗓音嘶哑等症状，最后可致死亡。

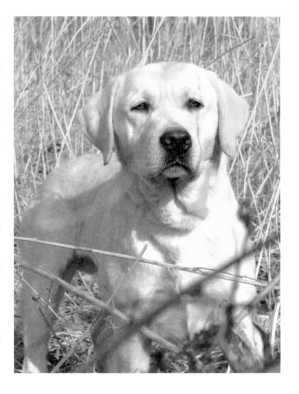

预防

1. 此病若已流行，应立即对犬类进行管理，定期进行检查，发现患上此病的，须做隔离治疗。

2. 在该病流行季节，可使用菊酯类杀虫药定期喷洒犬舍及犬体。

治疗

治疗可用锑制剂，如葡萄糖酸锑钠。

恶心丝虫病有什么症状？如何诊断和防治？

症状：呼吸困难、运动虚脱、心律不齐、贫血

犬恶心丝虫病是丝虫科犬恶心丝虫引起的一种寄生虫病。该寄生虫寄生于犬心脏的右心室及肺动脉中，从而引起此病。被携带恶心丝虫感染期幼虫的蚊虫叮咬后，可被感染。

😊 症状

早期症状是慢性咳嗽，运动时加重。病犬易疲劳，病情发展后，可有呼吸困难、运动虚脱、腹部积水、胸腔积水、肝硬化等症状。其中较明显的症状为循环障碍、心律不齐、贫血等。重症犬全身衰弱，可导致虚脱死亡。

😊 预防

1. 防止狗狗被蚊子叮咬。

2. 在蚊虫出现前的春季，可用枸橼酸乙胺嗪2.5毫克/千克体重，每日1次，拌入食物中喂2个月。

😊 治疗

在蚊虫季节结束3个月后应驱虫两次。用1%硫乙胂胺注射液，1毫克/千克体重，静脉注射，每日2次，连续注射2日，可消灭进入心脏的未成熟虫体。

🦴 球虫病有什么症状？如何诊断和防治？

症状：食欲减退、有微热、排便稀且混有血液

此病广泛传播于犬群中，在高温潮湿季节，常可迅速流行。多发于幼犬。

此病系由艾美耳科等孢子球虫及二联等孢子球虫感染引起的一种犬小肠和大肠黏膜出血性炎症的疾病。

😊 症状

1~2月龄幼犬发病率高，得病后生长停滞、消瘦、黏膜苍白、食欲减退、有微热、排便稀且混有血液。有的还有呕吐症状。幼犬可因极度衰竭而死亡。成年犬病程可延长至3~5周，然后可自然康复。

😊 预防

犬舍要经常打扫，并定期进行消毒。在母犬分娩前1~2个星期时，可喂服氨丙啉溶液进行药物预防。发现患病的狗狗应单独隔离饲养。

治疗

可用磺胺类药物，如磺胺间甲氧嘧啶50毫克/千克体重，口服，连用7天。或磺胺二甲嘧啶55毫克/千克体重，加甲氧苄啶10毫克/千克体重，加入水或饲料中，每天2次，连用5天。如出现呕吐等不良反应，应停止使用。对严重脱水的病犬可补液，对血便严重的可用维生素K治疗。

肺吸虫病有什么症状？如何诊断和防治？

症状：咳嗽、咯血、气喘、发热和腹泻

此病在我国分布甚广，其主要病因系由病原体中华支睾吸虫寄生于狗狗的胆囊及胆管所引起的。

症状

临床症状为咳嗽，并可伴有咯血、气喘、发热和腹泻，粪便呈黑色。

预防

在此病流行地区，应禁止用新鲜的蟹或蝲蛄作为狗狗的饲料。

治疗

用吡喹酮驱虫，用量为50毫克/千克体重，口服，连用3~5天。也可用硫氯酚，用量为100毫克/千克体重，口服，每日或隔日给药，以10~20日为一个疗程。

🦴 弓形虫病有什么症状？如何诊断和防治？

症状：发热、咳嗽、厌食、虚弱

此病是一种世界性分布的人兽共患原虫病，在家畜和野生动物中广泛存在。我国各地均有此病发生。

🐾 症状

此病多为无症状的隐性感染，以幼年犬、青年犬较易感染，且较严重，成年犬也有致死的病例。

症状类似瘟热、犬传染性肝炎。主要表现为发热、咳嗽、厌食、精神萎靡、虚弱、眼鼻有分泌物、黏膜苍白、呼吸困难或发生剧烈的出血性腹泻，也有出现剧烈呕吐、麻痹和其他神经症状的。

怀孕母犬可发生流产或早产，所产犬仔往往出现排稀便、呼吸困难和运动失调等症状。

🐾 预防

1. 不让狗狗捕食啮齿类动物。

2. 避免猫粪污染狗狗的饮水和饲料。

3. 禁止用生肉喂狗狗。

🐾 治疗

1. 对急性感染的患病狗狗，可用磺胺嘧啶，用量为70毫克/千克体重，每天2次口服，连用3~4天。

2. 用甲氧苄啶14毫克/千克体重，每天口服2次，连用3~4天。

3. 由于磺氨嘧啶溶解度较低，容易在尿中析出结晶，内服时应配合等量碳酸氢钠，并增加饮水。

🦴 感染上跳蚤有什么症状？如何诊断和防治？

症状：皮肤奇痒难受，常用力地抓搔

跳蚤是一种吸血性体外寄生虫，犬若感染上此虫，不仅会影响正常生活，而且还可能感染跳蚤携带的其他疾病。

🐾 症状

滋生跳蚤的狗狗，皮肤奇痒难受，常用力地抓搔，不能很好地休息，从而引起食欲降低、体重减轻。皮肤抓搔损伤后，还会引起溃疡化脓。

🐾 预防

平时要注意犬体卫生。经常为狗狗洗澡，多为狗狗梳理被毛，定时进行体内外驱虫，同时，让狗狗多晒太阳，是防止蚤害的有效措施。

另外，可采用防蚤项圈。这种项圈里面含有杀蚤药，项圈上有许多小孔，药物可以从小孔散布犬体，对跳蚤有杀灭和驱除作用。

对狗狗的活动区域、犬舍及用具如犬舍的铺垫物要经常更换或消毒，病犬换下的铺垫物应彻底烧毁。

🐾 治疗

一般的犬用驱虫药，均可杀灭跳蚤的成虫，但跳蚤卵具有很强的抗药性，必须连续对狗狗身上和周围环境喷洒数次，每周1次，连续喷1个月。

对皮肤擦伤的狗狗，要清创、消毒和防感染。

对剧痒不止的狗狗，可用地塞米松和苯海拉明注射止痒。

🦴 巴贝斯虫病有什么症状？如何诊断和防治？

巴贝斯虫是一种血液原虫病，这种虫的虫体很小，有多种形状，如圆尖形、椭圆形、环形、杆子形，还可见到有十字形的四分裂虫体和成对的小梨籽形虫体。常寄生在红细胞中，每个红细胞可寄生一个或多个虫体。

此病大多由长角血蜱或血红扇头蜱传染。

😺 症状

患病的狗狗表现为精神沉郁，喜卧厌动，活动时身躯摇晃，可发高热至40～41℃。持续3～5天后有5～10天体温正常期，此后又呈不规则的间歇发热。出现渐进性贫血，结膜、黏膜苍白，缺乏食欲，明显消瘦，脾、肾肿大且疼痛，尿呈黄色或暗褐色，部分狗狗可见鼻流清液、呕吐、眼有分泌物等症状。

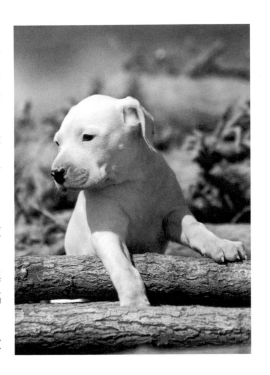

😺 预防

1. 在已出现此病的地区，要积极做好犬体的防蜱、灭蜱工作。

2. 犬体灭蜱，可用驱虫药，如用溴氰菊酯溶液，浓度为25毫克/升，每隔7～10天喷淋犬体1次。

3. 对患病的狗狗要尽量做到早发现、早诊断、早治疗。

4. 发现病例后，可用三氮脒（即贝尼尔）的治疗剂量对其他健康犬进行药物预防。

😺 治疗

1. 用蒿甲醚，剂量为7毫克/千克体重，肌肉注射，每天1次，连用2天。

2. 用磷酸伯氨喹，剂量为0.8毫克/千克体重，同时配合应用复方磺胺林，剂量为28毫克/千克体重，口服，每天1次，连用2天。

3. 用贝尼尔，剂量为5毫克/千克体重，肌肉注射，每天1次，连用2天。

常见传染病的防治

狗狗易患的传染性疾病，包括传染性肝炎、结核病、狂犬病等，这些疾病不仅给狗狗的身体带来很大伤害，也在精神上折磨着它，而且有些疾病还会通过狗狗传染给人类，因此一定要及早发现，及早治疗。

狂犬病有什么症状？如何防治？

狂犬病又称疯狗病、恐水病，是由狂犬病病毒引起的一种死亡率极高的人畜共患急性传染病。人和动物常因被患病或带病毒的动物咬伤而患此病，所以一定要注意狂犬病的免疫。

此病的潜伏期长短不一，短的为15天左右，长的可达数月或1年以上。潜伏期的长短和感染病毒的程度、部位有关。

狂犬病的病毒主要存在于病畜的脑组织及脊髓中，唾液腺和唾液中也含有病毒，因此，当动物被咬伤后，就可感染发病。要特别注意的是，有些外表健康的狗、猫等动物可能携带病毒或处于潜伏期，其唾液中也含有病毒，当它们咬伤人或舔了人的伤口，也可使人感染发病。

症状

临床上，患病的狗狗表现为狂暴不安和意识紊乱。病情初发时，表现为精神沉郁、举动反常。例如，喜躲藏在阴暗处，不听从主人使唤，乱吃木屑、碎石、泥土等，并常以舌舔咬伤处。不久，就开始狂暴不安，攻击人畜，常无目的地乱走乱跑。接着，逐

渐消瘦，下颌下垂，尾巴垂入两腿之间，怕风、怕光、怕水，声音嘶哑，流涎增多，吞咽困难。

至后期，患病的狗狗全身麻痹，行走困难，最后衰竭瘫痪，呼吸麻痹而死。

☺ **预防**

1. 家养的狗狗，必须定期进行预防接种。

2. 要加强检疫。未注射疫苗的狗狗入境时，除应加强隔离观察外，必须及时补注疫苗，否则禁止入境。

3. 对刚被咬伤的狗狗，要及时治疗。用肥皂水充分冲洗创口，然后用0.1%升汞液或酒精、碘酒等处理，并在创口周围分点注射狂犬病免疫血清，用量为1.5毫升/千克体重，在72小时内注完。

4. 若人被咬伤，应迅速以浓度为20%肥皂水彻底冲洗伤口，并用浓度为3%的碘酒处理。还要及时接种狂犬病疫苗，被咬伤的第1天、第3天、第7天、第14天、第30天各注射1次，至第40天、第50天再加强注射1次。

☺ **治疗**

对于此病主要着眼于预防，包括被咬时及时采取的措施，一旦感染发病，至今尚无药可治。

🦴 传染性肝炎有什么症状？如何防治？

狗狗传染性肝炎是由犬腺病毒Ⅰ型引起的一种急性败血性传染病。此病可发生于任何季节，也可发生于任何年龄的狗狗，但最常见于1岁以下的幼犬，尤其以刚断奶的幼犬发病率和死亡率最高。

此病的传播途径主要在消化道，患病狗狗的各种分泌物、粪便和尿液中均有病毒。

☺ **症状**

传染性肝炎病可分为呼吸型和肝炎型两类。

呼吸型传染性肝炎患病狗狗的潜伏期为5~6天，发病后，体温升高到39~41.1℃，持续1~3天，脉搏、呼吸加快，干咳无痰，流浆液性或脓性鼻涕，扁桃体肿大并伴有咽喉炎。患病的狗狗精神萎靡，缺乏食欲，肌肉震颤，时有呕吐，粪便稀薄，并带有黏液。

肝炎型传染性肝炎患病狗狗主要表现为消化道症状。轻症病例仅见缺乏食欲，精神沉郁，体温可能稍高；重症病例则食欲废绝，频频饮水，体温可高达40℃以上，随后降至常温以下，呕吐、腹泻、粪便带血，且可能流血不止。

传染性肝炎的病程较短，患病的狗狗发病后两周内康复或死亡，死亡率一般为10%～25%。

成年犬大多能挺过来，过后可产生较强的免疫力。恢复期内，有少数狗狗可能有眼角膜病，造成角膜损伤而导致永久性视力障碍。

🐾 **预防**

1. 不要盲目由国外或外地引进犬只，以防病毒传入。

2. 由外地新购进的狗、猫等动物，必须隔离饲养较长一段时间，经检查证明确无携带病毒后方可与本地狗、猫混合饲养。

3. 患病后康复的狗狗也应单独饲养，须经半年后再做检查，证明不带病毒后方能与其他狗狗混合饲养。

4. 定期用多联疫苗给狗狗做健康免疫注射。

🐾 **治疗**

1. 在发病初期，用传染性肝炎高免血清治疗，有一定作用。一旦出现明显的临床症状，即使使用大剂量的高免血清也很难有治疗效果。所以对此病主要是预防。

2. 对严重贫血的狗狗采用输血疗法，有一定的作用。

3. 此病采用静脉补葡萄糖、补液及三磷腺苷、辅酶A有一定作用。

4. 全身应用抗生素及磺胺类药物可防止继发感染。

5. 对患有角膜炎的狗狗可用浓度为0.5%的利多卡因和氯霉素眼药水交替滴眼。

🦴 破伤风有什么症状？如何防治？

破伤风是由破伤风棱菌的特异性嗜神经性毒素引起的一种毒血症。破伤风棱菌是厌氧的革兰阴性杆菌，形似球拍，周身有鞭毛，无荚膜，可运动。该菌能产生两种毒素，一种是痉挛毒素，可引起典型的神经症状；另一种是溶血毒素，能使红细胞崩解，导致局部组织坏死。

该病由创伤感染，尤其是在创伤深、创口小、创腔内具备无氧条件下，易导致细菌繁殖而产生毒素。该菌的芽孢抵抗力强，煮沸10～15分钟、用浓度为5%的苯酚浸泡15分钟或者用浓度为3%的福尔马林浸泡24小时才能杀死。

😺 症状

该病的潜伏期长短不一，受伤部位越接近中枢神经，发病越迅速，一般在感染后5～8天发病。患病狗狗主要表现为骨骼肌的强直性痉挛及反射兴奋增高。

痉挛症状常由头部开始，颈部肌肉强直，第二眼睑脱出，眼球上翻，开口障碍，牙关紧闭，咀嚼困难，耳僵硬竖立互相靠拢，尾举起，四肢僵直，呈木马样姿态。

患病狗狗反射性兴奋增加，对声、光等刺激敏感，体温不高，有食欲，不久即陷入呼吸困难而死亡。

病程差异很大，比较严重的病例可在2～3天内死亡。较轻的病例大多在出现症状后3～10天内死亡。康复期可持续很长时间，有的4～6周后仍有运动不灵活及肌肉僵硬的症状。

大多数病例预后不良，因进食困难，造成营养不良，最终衰竭死亡。只局部强直的狗狗，预后良好一些。

😺 预防

1 此病应着重预防狗狗发生外伤，一旦出现外伤，应及时进行消毒处理。

2 当狗狗受到较深的创伤后，应尽快注射破伤风类疫苗，以增强犬机体的主动免疫力。

😺 治疗

1. 该病应注重及早发现、及早治疗，中、后期治疗往往收效不大。

2. 治疗时，应及时清创和扩创，用浓度为3%的过氧化氢冲洗伤口，然后用5%～10%碘酒消毒，再用抗毒素局部注射，同时配用镇静剂、抗生素等。

3. 清创后，创口内散敷碘仿碘胺粉。伤口应任其暴露，忌包扎。

4. 肌肉或静注破伤风抗血清3万～5万单位/千克体重，每日1次，连续3日。

5. 镇静解痉：氯丙嗪5毫克/千克体重。

🦴 结核病有什么症状？如何防治？

　　结核病是结核分枝杆菌引起的一种人、畜、禽共患的慢性传染病。狗狗对人型和牛型结核杆菌较敏感，在机体多种组织内形成肉芽肿和干酪样钙化灶为特征。

　　患病的狗狗能在整个病期随着痰、粪、尿、皮肤病灶分泌物排出病源。因此，患这种病的病犬对人有很大的威胁。

　　结核分枝杆菌，对干燥和湿冷的抵抗力较强，而对高温的抵抗力较弱。

🐾 症状

　　结核病常缺乏明显的临床表现和特征性症状，只表现出逐渐消瘦，体躯衰弱，易疲劳，咳嗽（干咳或有痰咳）。

　　肠结核时，出现反复腹泻，食欲明显降低。淋巴结核则以浅表淋巴结肿大为特征。肠系膜淋巴结发生结核肿大明显时，可严重影响消化。

　　狗狗的皮肤结核多发于喉头和颈部，病灶外观为边缘不整的肉芽组织溃疡。

🐾 预防

　　1. 对所养狗狗要定期进行结核病检疫，发现开放性结核病的狗狗应立即治疗。

　　2. 结核菌阳性的狗狗，不能和健康的狗狗混养。

　　3. 对犬舍及狗狗经常活动的地方要进行严格的消毒，严禁结核病人饲养和管理狗狗。

🐾 治疗

　　1. 异烟肼，5毫克/千克体重，肌肉注射，每日2次。

　　2. 链霉素，10毫克/千克体重，肌肉注射，每日2次。

　　3. 有全身症状的狗狗，可对症治疗，给予镇咳、祛痰，如喷托维林、咳平0.5毫克/千克体重，每日2次。

普通病的防治

狗狗易患的普通病有很多，常见的有胃炎、肠炎、肝炎、感冒、便秘等，这些疾病对狗狗的健康和成长发育都有很大的影响，一旦忽视，就会变得严重甚至是引发其他疾病。一定要细心照顾狗狗，及时发现狗狗所患的疾病，及时治疗，以免给它造成更大的伤害。

🦴 胃炎有什么症状？如何防治？

胃炎是指胃黏膜的急性或慢性炎症。是狗狗最常见的一种疾病，有的可影响到肠黏膜，导致胃肠炎。

此病可分为急性和慢性两种，但犬所患的胃炎，以急性居多。

此病主要是由摄食腐坏变质且不易消化的食物、异物或服用了刺激性强的药物所引起，也可能由其他疾病继发，如犬瘟热、犬传染性肝炎、犬细小病毒性肠炎、肝吸虫、胰腺炎、肾炎、肠道寄生虫病等。

😺 症状

临床上以精神沉郁、呕吐和疼痛为其主要特征，初期吐出物主要为食糜，以后则为泡沫状黏液和胃液。患病的狗狗有较强的口渴感，但饮后即吐，食欲减少甚至不食，有脱水、消瘦等症状，或因腹痛而表现不安。呕吐严重时，可出现脱水或电解质紊乱症状，检查口腔时，常可见到黄白色舌苔和闻到臭味。

若由食用异物引起，可见呕吐物中有异物和血液。狗狗触诊腹部敏感反抗，喜欢蹲坐或趴卧于凉的地面。

😺 预防

1. 须限制狗狗的饮食，不可过量喂饲或喂饲不易消化的食物。

2. 要让狗狗养成除了喂饲的食物外，不随便乱吃其他食物的习惯。

3. 喂饲的食物，尤其是肉类食品，必须新鲜和清洁，不喂生肉和因长期贮存而变质的食物。

4. 不让狗狗和其他禽畜为伍，防止其偷吃禽食或畜食。

😺 治疗

1 在狗狗患病初期，应停饲食物24小时，多供清洁饮水（可加少量小冰块），或喂以米汤、稀粥。数天后可逐渐恢复正常饮食。

2. 当患病的狗狗呕吐严重有脱水危险时，应予镇静止吐。可每次肌肉注盐酸氯丙嗪1.1~6.6毫克/千克体重，或用硫酸阿托品0.3~1毫克/次，肌肉或皮下注射，每日2~3次。

3. 及时消炎。用庆大霉素1万单位/千克体重，肌肉注射，每日2次；也可口服2万单位/千克体重，每日2次。

4. 对于脱水禁食的患病狗狗，可静脉滴注葡萄糖盐水30毫升/千克体重，浓度为5%的碳酸氢钠注射液2毫升/千克体重，每日1次。

胃扩张有什么症状？如何防治？

胃扩张是由于胃内液体、食物和气体积聚而使胃发生过度扩张所引起的一种疾病。体形较大的狗狗比较多见。

产生此病的原因是狗狗过多采食干燥、难以消化或容易发酵的饲料后，立即剧烈运动或饮用大量冷水。

此病可分为急性胃扩张和继发性胃扩张。前述属于急性扩张。继发性胃扩张，主要是继发于胃扭转、胃内异物、幽门阻塞、小肠梗阻、蛔虫阻塞、小肠扭转及肠套叠。此外，慢性肝脏、胆囊、胰腺疾病也可继发慢性胃扩张。

症状

患病的狗狗表现为腹痛嚎叫、不安，可见嗳气，流涎呕吐，呼吸浅快，心动过速，结膜绀红，腹围增大，触摸腹部有疼痛感。严重病例可因脱水、酸中毒、胃破裂及心力衰竭死亡。

预防

1. 平时喂饲，要注意均衡和适量，不应忽多忽少，饲料中要有一定水分，不可过于干燥。

2. 不要喂很难消化或容易发酵的饲料。

3. 家养的狗狗，要定时定量均衡喂饲，带狗狗外出时，不要让它乱吃路边不洁净的食物。

治疗

1. 排除胃内积物，缓解气胀，可服淡食用醋5~10毫升、液状石蜡5~10毫升，或乳酸2毫升，每日1~2次。

2. 可选用哌替啶1毫克/千克体重，起镇痛作用。

3. 对严重脱水的狗狗，应给予静脉补液疗法。

4. 如通过上述方法无效，或因肠扭转等各种异物引起的胃扩张，可施行开腹探查术，除去病因。

肠炎有什么症状？如何防治？

肠炎，是肠结膜及其深层组织发生炎症的总称，它可能是仅侵害小肠的一种独立疾病，但更常见的是胃、小肠和结肠的广泛性炎症。

通常所说的肠炎，是包括小肠、胃和结肠炎症的通称，这种病是狗狗常见的疾病之一。

引起肠炎的病因大多与胃炎的病因相似，如吃了腐坏或被污染的食物，误食毒饵和刺激性强的药物、异物等。但此病多因某些传染病、寄生虫病、中毒病继发引起。如犬瘟热、细小病毒、冠状病毒、蛔虫、绦虫、鞭虫、钩虫、滴虫、有机磷中毒及其他农药中毒。

另外，致病细菌，如大肠杆菌、沙门氏菌、变形杆菌等也可引起肠炎。

症状

此病的主要症状是，腹泻、腹痛、肠蠕动音增强、发热和毒血症。

狗狗患急性肠炎多以卡他炎症出现，少食或拒食。不时呕吐，先呕吐食物，而后吐出胆汁样泡沫液体，继而下痢，泻粪如汤水，严重时带血，散发出恶臭，触摸腹部有疼痛反应，体温升高。

症状重的，精神沉郁，高度脱水，全身无力，心动过速。慢性肠炎，病程缓慢，长期腹泻，粪便中伴有黏液，导致逐渐脱水，身体消瘦。

💬 预防

1. 平时喂饲的饲料应注意清洁卫生，喂饲要有规律，定时定量，不可让犬饱一顿、饥一顿。

2. 饲料中的肉类一定要新鲜，不可用不新鲜或受过污染的肉类作为饲料，且一定要将肉类煮熟后再喂，不可喂生肉。

3. 不可将上顿吃剩的食物作为下顿食物再喂，尤其是天气热时，每顿都应喂新制作的饲料。

4. 不能让狗狗乱吃正餐以外的食物。在带狗狗外出散步时，应给狗狗戴上口罩，不让它吃路上的其他食物。

💬 治疗

1. 出现发病症状后应立即停止供食24小时，只给少量饮水，之后只可喂盐水米汤（每100毫升米汤中加入食盐1克）。

2. 使用缓泻剂如硫酸钠、人工盐适量口服，以清理肠胃。

3. 用黄连素0.1~0.5克，每日3次内服。也可用磺胺脒0.1~0.3克/千克体重，分2~3次内服。

4. 对患非细菌性肠炎，积粪已基本排除，粪便已无酸臭味，但仍剧泻不止的

患病狗狗，应给收敛药物以止泻。如药用炭0.5~2克、鞣酸蛋白0.5~2克或碱式硝酸铋0.3~1克，每日内服3次。

5. 防止脱水与电解质失调，应给狗狗静脉滴注林格尔氏液100~500毫升，维生素C 100~500毫克，浓度为25%的葡萄糖液20毫升，每日静脉滴注1~2次。

🦴 急性肝炎有什么症状？如何防治？

急性肝炎是指肝实质细胞的炎症，临床上以黄疸、急性消化不良为特征。

此病可由多种原因引起：

1. 由传染性病毒引起。

2. 由毒物刺激及药物刺激引起，如吃入砷、汞、氯仿、四氯化碳、磷、植物性生物碱、酚等毒物或反复服用氯丙嗪、睾酮、氟烷等药物。

3. 由寄生虫引起，如华支睾吸虫、后睾吸虫寄生于肝脏胆管内，虫体释放毒素损伤肝细胞造成肝炎。

😺 症状

患病的狗狗精神沉郁、食欲减退、全身无力、体温正常或稍高，行动迟缓。有的患病狗狗先表现兴奋、不安，以后转为沉郁、昏睡或昏迷。可视皮肤出现不同程度的黄疸症状。

患病的狗狗呈现消化不良、呕吐等症状。粪便初时干燥，之后腹泻，臭味大、粪色淡。尿少、色黄，尿中可查出有胆红素。血液检查生化指标明显变化，血清胆红质增高。患病的狗狗肝脏肿大，触摸最后肋骨弓后缘时，有疼痛感，叩诊时，肝脏浊音区扩大，采血做肝功能检查时，各项指标可呈现阳性反应。

慢性肝炎期，可见有长期缺乏食欲、消化不良，触诊肝肿大、敏感，均可怀疑为此病。确诊需实验室肝功化验及尿液化验和临床症状相结合。

😺 预防

1. 预防主要依靠定期注射疫苗。常用的疫苗有犬传染性肝炎灭活疫苗和弱毒疫苗、二联苗（加上犬瘟热疫苗）或三联苗（二联苗再加上犬钩端螺旋体菌苗）等。

2. 应用二联或三联疫苗，一般可在幼犬9周龄时进行第一次免疫接种，然后在15周龄时再接种一次。

3. 平时饲养时，应注意避免与其他患病的狗狗接触，以防感染。

😺 治疗

保肝利胆，增强肝脏解毒功能。

1. 用氨苄西林或先锋霉毒50克/千克体重，肌肉注射，每日2次，以控制感染。

2. 用维生素B$_1$ 10毫克/千克体重，维生素B$_{12}$ 0.5毫克/千克体重，肌肉注射，每日1次。

3. 用浓度为25%的葡萄糖注射液2~3毫升/千克体重，三磷腺苷注射液2~3毫克/千克体重，辅酶A 10单位/千克体重，维生素C 20毫克/千克体重，复方盐水30毫升/千克体重混合静脉滴注，每日1次。

4. 健胃、调节胃肠功能。

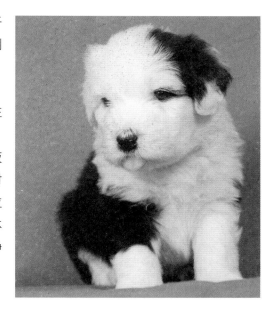

🦴 感冒有什么症状？如何防治？

狗狗感冒是以上呼吸道黏膜炎症为主的急性全身性疾病，在气候多变的季节较为多见。

此病多因突然遭受寒冷刺激引起，如天气骤变时犬舍气温过低、犬露宿室外、洗澡后没有及时将被毛吹干、过度劳累、淋雨后未吹干被毛等。

某些呈高度接触传染性和明显由空气传播的感冒则可能是病毒引起的流行性感冒。

症状

狗狗患了感冒，大多表现为精神沉郁，体温升高，食欲减退，呼吸加快，结膜潮红，轻度肿胀，畏光流泪，流鼻涕，鼻涕初为浆液性，以后变为黄色黏稠状。四肢末端和耳尖发凉，咳嗽，打喷嚏，胸部听诊肺泡音增强，心跳加快。

幼犬发病时，常因免疫功能和抵抗力降低而继发其他传染病。

预防

1. 天气突然转冷时，要保持犬舍的温度，不让狗狗受寒。

2. 平时狗狗活动要适度，不可过于剧烈或运动时间过长，造成狗狗过度劳累。

3. 带狗狗外出散步时，若被雨淋，要立即将狗狗身上的水分擦干，并吹干被毛，不要使狗狗受冷。

4. 为狗狗洗澡后要及时将毛上的水分擦干，有条件的要用电吹风将毛吹干，以防止狗狗受凉后感冒。

5. 加强狗狗的耐寒锻炼，增强狗狗的肌体抗寒能力。

治疗

治疗此病应及时祛寒，除去病因，防止继发感染。

1. 早期可肌肉注射阿尼利定液或百尔定液，每天1次，每次2毫升。也可内服对乙酰氨基酚，用量为0.1~1克/次。

2. 柴胡注射液1~2毫升，肌肉注射，每日2次。

3. 青霉素5万单位/千克体重，肌肉注射，每日2次。

便秘有什么症状？如何防治？

狗狗便秘是由于某些因素使肠蠕动功能出现障碍，肠内容物滞留在肠腔内，其水分被吸收逐渐变干变硬，使肠道完全阻塞而引起的。此病多见于老龄犬。

引起便秘的原因有多种，如：营养不良，慢性消耗性疾病造成肠弛缓，使肠内容物后送无力，停滞于肠道中；平时吃进的食物过少，对肠道的刺激不足；长期喂饲干性食物，饮水量过少；吃入过量的骨头、骨粉等，使肠内积滞成不易移动的硬块；平时吃进了沙土等杂物，积滞在肠内不易移动；腹部有肿瘤，腹肌损伤；肛门有疾病，如肛门囊腺炎，肛门损伤；服用阿托品、碳酸钙等药物，引起阻滞；骨软症引起腰椎下陷压迫直肠；因支配排便的神经异常，脊髓炎；盆骨有疾病，如骨盆骨折、狭窄；有前列腺增生、直肠狭窄等疾病。

症状

患病初期的狗狗，精神状态不佳，

没有十分明显的食欲减退，而后出现精神不安，不食，呕吐；口渴增加，脉搏加快，可视黏膜发绀。常因腹痛吠叫，肠音减弱或消失，腹围增大，伴有脱水、呼吸增快等症状。腹部触诊可摸到干硬块或条状的粪便结。

预防

1. 喂给狗狗的饲料，应略带水分，不宜过分干燥。

2. 每日应提供足量的清洁饮用水。

3. 带狗狗外出散步时，应给它戴上口罩，防止它乱吃头发或塑料等不能消化的杂物。

4. 每天给狗狗散步、奔跑和跳跃的机会，促使其消化及循环系统正常工作，避免处于停滞状态。

治疗

此病的治疗可根据病情决定施行口腹泻剂，灌肠，还是手术治疗。

1. 可口服酚酞片或果导片，20毫克/千克体重，每天1~2次，用于轻度便秘。

2. 患病早期的狗狗，可用液状石蜡5~30毫克，灌肠。

3. 轻度便秘，内服蜂蜜也可收到较好的效果。

4. 服用缓泻药，如硫酸钠5~30克，水200毫升，1次灌服。

5. 重度便秘应在给予灌肠的同时，结合腹外按压法治疗。用温肥皂水灌肠，边灌边按压结块，常可获得较好的效果。

6. 对于经灌肠和药物治疗不见效的，应实行腹腔手术，将残留粪便取出。